U0818565

煤矿安全精细化管理的关键因素及煤矿安全度研究

马金山　著

中国矿业大学出版社

内 容 提 要

本书的主要内容有：煤矿安全系统演化机理及安全管理模式选择、煤矿安全文化及安全质量标准化标准、煤矿安全资源及安全成本控制、煤矿安全生产"人—机—环境"协调性分析、煤矿安全精细化管理的调控以及煤矿安全度分析。

本书可供煤矿管理人员、工程技术人员以及政府有关管理人员阅读，也可以供高等院校安全管理方向的师生参考。

图书在版编目(CIP)数据

煤矿安全精细化管理的关键因素及煤矿安全度研究/马金山著.—徐州：中国矿业大学出版社，2017.6

ISBN 978-7-5646-3497-1

Ⅰ. ①煤… Ⅱ. ①马… Ⅲ. ①矿山安全—安全管理—研究 Ⅳ. ①TD7

中国版本图书馆 CIP 数据核字(2017)第 073368 号

书　　名　煤矿安全精细化管理的关键因素及煤矿安全度研究

著　　者　马金山

责任编辑　史凤萍

出版发行　中国矿业大学出版社有限责任公司

（江苏省徐州市解放南路　邮编 221008）

营销热线　(0516)83885307　83884995

出版服务　(0516)83884895　83884920

网　　址　http://www.cumtp.com　**E-mail**：cumtpvip@cumtp.com

印　　刷　徐州中矿大印发科技有限公司

开　　本　880×1230　1/32　**印张** 5.75　**字数** 150 千字

版次印次　2017 年 6 月第 1 版　2017 年 6 月第 1 次印刷

定　　价　26.00 元

（图书出现印装质量问题，本社负责调换）

前　言

恶劣的地质条件、复杂多变的煤层赋存状况，客观地决定了我国煤矿安全管理工作的艰巨性。做好安全管理工作，一靠安全工程技术，二靠安全管理手段。在安全技术不断进步的今天，煤矿的安全形势依然严峻，使得安全管理工作愈发显得重要。庞大的生产系统、众多的安全危害因素，使得安全精细化管理模式成为煤矿安全管理工作的首选。但煤矿安全精细化管理的现状往往是以经验为主、理论研究滞后于实践，且一些关键的因素如安全文化、安全质量标准、安全资源的配备、“人—机—环境”的协调等诸多方面存在着不科学、不系统的问题，制约了煤矿安全精细化管理的效用。为此，本书基于工业工程(Industrial Engineering，IE)技术追求效率的思想和方法对煤矿安全精细化管理的关键因素进行研究，并对煤矿安全度进行初步的探索。

首先，基于熵理论对煤矿安全系统的演化机理进行分析，并确定适合煤矿安全系统的管理模式；其次，基于IE技术的理论和方法对煤矿安全文化的建设及安全质量标准的制定方法进行研究；然后，基于 IE 技术的优化思想对煤矿的安全资源配置进行分析并采用挣得值分析法对煤矿的安全成本进行过程控制；接下来，运用模糊综合评判法对人—机—环境的协调性进行评价；同时，结合约束理论分析煤矿安全管理效率的调控方法，明确界定煤矿安全管理效率的概念，分析煤矿安全管理效率的评价指标体系所包含的内容及其测评思路；继而，从公众认知的角度提出可以用负产出来反映煤矿的安全度，并在此基础上建立了煤矿安全度用煤矿安全负产出表达的模型，同时结合模型分析了煤矿为提高安全度应该采取的相关对策；最后，基于特殊生产要素的视角采用数据包络分析法（Data Envelopment Analysis，DEA）对区域煤矿的安全度进行了分析。

研究表明：基于熵理论的煤矿安全系统的演化过程分为无序状态、有序状态和临界状态，当边际安全熵等于边际安全负熵时是煤矿安全系统进行调控的最佳时机；煤矿安全系统的宏观表现决定了安全精细化管理模式及 IE 技术在安全管理工作中应用的必要性。安全文化建设存在的不足表现为程序待优化、氛围不强、特色不明显以及手段不灵活，研究给出了安全文化高效建设的程序、方法以及基础和保障；确定了煤矿安全质量标准制定的原则、程序和方法；探讨了煤矿安全资源的配置思路和保障措施；构建了煤矿安全成本挣值分析模型，它定期采用挣得安全成本值与预定安全成本值和实际安全成本值进行比较，获得成本偏差、保障度偏差、成本绩效指标和计划绩效指标 4 个指标，对安全成本进行过程控制；分析了煤矿安全生产中人—机—环境的关系，构建了分析煤矿人—机—环境之间是否协调的模糊综合评判模型，并以实例进行了分析；探讨了确保安全精细化管理模式有效运行的效率问题，明确了煤矿安全管理效率的评价指标体系的内容及其测评的思路。通过煤矿安全度模型的分析，研究得出了提高煤矿安全度需要在加强基础性安全建设、重视安全文化的作用、改善企业的形象以及加强事故后的管理等方面进行努力。结合数据包络分析法的原理，视煤矿的事故为获得原煤产出的特殊生产要素，构建模型来分析区域煤矿的安全度。

本书的出版由河南理工大学工业工程专业校级重点学科资助，对此特别表示感谢！

目　录

第 1 章

绪　论

1.1 研究背景

煤炭是我国的支柱性能源，长期以来占据了我国能源生产和消费的70%。根据有关部门预测，随着我国国民经济的发展，由于石油、天然气、电力等其他能源的供应客观上受到一些不确定因素的影响，煤炭作为主要能源的比例很长一段时间内仍将占据主导地位[1]。因此，煤炭产业是我国能源体系中的龙头产业，为我国国民经济的发展提供了不竭的动力。中国煤炭产量占世界煤炭产量的40% ，矿难死亡人数却占世界的60%，煤炭百万吨死亡率远超美国、南非等世界上的主要产煤国家[2-6]。根据国家煤矿安全监察局的统计，2001～2010年，全国共发生了28 868起事故，死亡人数合计为47 875人[7]。如在2010年中国的煤矿事故死亡人数为2 433人，而美国则仅为48人[8]。因此，我国煤矿的安全问题已不仅仅是行业内部的问题，还是一个社会性问题，一个影响到我国国际声誉的问题[9]。煤矿事故的发生不是偶然的，而是煤矿生产过程中存在问题的集中暴露，涉及许多方面。既有自然因素、科技投入和研究的不足，也存在人为因素以及体制、管理、社会的传统观念、煤矿安全文化理念的欠缺等[10]。而影响煤矿安全生产的基本因素包括地质条件、安全装备条件、人员素质因素以及安全管理状况等因素。

1.1.1 地质基础条件差

我国煤炭资源的赋存条件较差，煤层赋存不稳定，地质构造复杂，煤层瓦斯含量大，高瓦斯矿井多，煤层易自燃。水、火、瓦斯、粉(煤)尘、噪声、顶底板、热害等灾害的存在，对矿井的安全生产造成了极大的威胁[4]。

具体来说影响煤矿安全的地质因素主要表现在地质构造、水文地质和瓦斯地质方面。地质构造是影响煤矿安全生产的各种因素中最重要的一个。地质构造包括褶皱、节理和断层。其中断层由于破坏了煤层的延续性和完整性，在井巷中难以查明和控制。工作面遇到褶皱、节理和断层造成层位错动挤压，岩石变得破碎，同时伴随地下渗水，煤层松动后容易脱落。因此，地质构造带往往是发生顶板、透水和瓦斯事故的地段。矿井水文地质状况对煤矿安全生产的影响主要表现在井下透水事故。在矿井建设和生产过程中，当遇到老塘、含水层造成矿井涌水量超过正常排水能力时，即酿成水灾，给矿井生产造成严重的后果，甚至威胁矿工的生命安全。矿井瓦斯以游离状态赋存于地质构造中，一般断层、褶曲、火成岩侵入等地质构造区变化较大[11,12]。随着开采规模的扩大和采掘深度的延伸，煤矿井下面临着更多的生产安全问题[13]。正是这些天然的薄弱的基础条件导致了我国煤矿的安全生产形势不容乐观，是煤矿事故频发的直接原因。

1.1.2 安全投入欠缺

煤矿企业要实现安全生产首先要靠安全技术措施，靠安全基础设施设备等的投入，但现实问题是我国煤矿安全投入的欠账非常大。特别是自 2013 年以来，我国告别了“黄金十年”的煤炭产业发展时期，煤炭价格连续下跌，煤炭企业经营十分困难，很多企业甚至出现了减发、缓发工资的现象。由于煤炭价格的连续跳水，大多数企业都不得不负债经营，这种情况必然会给煤矿安全生产带来一定的影响，尤其是安全投入的降低[14]。由于投入不足，煤矿设备老化，技术落后，井下防灾能力差，必然会加大事故发生的可能性[15,16]。

安全装备的不足与落后，煤矿安全可靠性差，构成了煤矿重特大事故频发的“诱因”。造成贫乏的安全装备状况，原因有三：第一，自从煤矿管理体制改革后，国家不再投入，煤矿安全暂时成了无源之水；第二，煤矿企业由于受市场经济的影响，连年出现亏损，本身无能力投入或者不愿意投入；第三，相当多的小煤矿主受短期利益机制驱动，不愿过多地进行安全投入，安全设施成了“盲区”，安全隐患、安全事故多[17]。

因此，增加煤矿的安全投入，提高安全水平无疑是实现煤矿安全生产的有力保障[18]。但同时，在注重煤矿安全投入的同时，也要合理地规划投入结构的分配比例问题，既要重视安全工程、安全设施设备等硬件的投入，也要重视安全科技、安全管理等软件方面的投入，不能顾此失彼[19,20]。

1.1.3　从业人员素质普遍较低

在我国，煤矿专业人才短缺，从业人员文化素质普遍较低是导致矿难频发的一个重要原因。从总体上看，职工队伍整体素质不高。统计资料表明，全国煤矿从业人员初中及以下文化程度的占从业人员总数的近60%，大专以上的占不到10%[21,22]。且煤矿劳动用工管理不规范，一些地区的职工培训流于形式，许多小煤矿没有按照法律法规的要求与矿工签订劳动合同，造成了流动性大、队伍不稳定[23]。从业人员受教育程度低，势必对煤矿的危险有害因素不能及时地辨别并采取有效措施，从而可能导致事故的发生。

此外，每当企业处于困境的时候，人才的流失往往呈现出“加速度”，专业技术人员向发展前景好、经济效益高、待遇收入高的企业和岗位流动。即在煤炭整体形势向好的情况下，煤矿的经济效益好，对专业技术人才的吸引力增强，煤矿的整体发展状况良好；反之，煤炭整体经济形势颓废的状况下，煤矿经济效益较差，加上原本就比较恶劣的工作环境，使得人才的流失颇为严重，势必会影响煤炭企业的良性发展。据有关资料统计，从煤炭企业人才增减状况看，企业专业技术人才总体呈减少流失态势，尤其高层次人才仍处于较严重的流失状态，不利于企业的长远发展[24]。

1.1.4 管理水平参差不齐

我国煤矿的投资主体当前呈现多元化的状态，既有国家或地方政府投资或控股的煤矿，也有个人投资的煤矿。目前，国内的煤矿开采方式总体还比较落后，机械化程度低，自动化和信息化水平不能满足生产的需求。煤矿开采技术和工艺落后是影响我国煤矿安全生产的最为直接的原因。同时煤矿的安全管理水平较低，很多小型煤矿没有配备足够的专业技术人员[21]。近年来，虽然大部分煤矿形成了集约化大规模生产，但是部分煤矿在相当长一段时间内采矿机械并没有及时更新替换，采矿工艺和技术落后，安全管理意识依旧淡薄，生产人员的安全培训没有落到实处，依然把生产任务和经济效益放在第一位，安全管理始终没有实质性的变化。在这种状况下，煤矿企业职工群众的人身安全得不到保障，生产效率偏低[25]。国家投资或控股的大中型煤矿因专业技术人员较充足，各项规章制度较完善，安全投入较重视，安全管理的水平相对较高，而地方政府或个人投资的煤矿则由于种种原因安全管理的水平相对较低。实践也表明，安全管理水平较低的煤矿发生事故的概率较大。

1.2　研究目的及意义

1.2.1　研究意义

煤炭工业是我国国民经济的基础产业。在我国的能源工业中，煤炭占我国一次能源生产和消费结构的70%左右，预计到2050年仍将占50%以上，因此煤炭在相当长的时期内仍将是我国的主要能源。同时，煤炭行业也是我国工业生产中伤亡事故最严重的行业，煤矿安全是制约我国煤炭工业持续、健康、稳定发展的主要问题。

我国煤矿安全生产现状主要存在下列问题：一是煤矿自然条件差，煤层自然赋存条件复杂多变，影响安全生产的因素多，是事故多发的客观因素；二是煤矿多且杂，人员素质和装备水平参差不齐，总体基础比较落后；三是煤矿企业主体责任不能落实，各种规章制度不能真正执行，违法违规、超强度生产现象严重；四是技术落后，安全意识差，自我保护能力低。煤矿生产中的种种问题揭示了我国煤矿管理体制的不足，管理体制正是矿难频发的根源，虽然我国煤矿井下地质条件复杂，开采条件恶劣的客观原因存在，但这并不足以掩饰管理中的弊病。

而美国、德国、澳大利亚等国已基本消灭煤矿重大死亡事故，煤矿成为一个相当安全的部门。我国煤矿安全管理水平与发达国家相比还有很大差距，亟待得到改进和完善。为此，国内的诸多大型煤炭企业都在积极地探索，在矿井的安全生产中引入精细化的管理方法。安全精细化管理是系统安全管理模式，是以企业的生产系统整体为对象，采用系统安全分析手段和现代控制方法，分析生产中存在的各种危险因素，做好系统控制，使危险因素始终保持在可控的安全状态。精细化管理方法遵循的是“事前预防，事中控制，事后分析”的思路。其特点主要表现在如下两个方面。

(1) 推进安全质量标准化建设，实现工程质量动态达标

这主要体现在，一是建立相关的安全质量标准化动态达标管理制度，打好动态达标的基础；二是明确职责，落实各层级安全生产责任；三是强化培训，增强安全质量标准意识；四是加大企业基础投入，提高设备安全水平；五是健全激励约束机制，促进安全质量标准化水平持续改进。

(2) 提升安全信息利用水平，强化安全信息的闭合管理

这主要体现在，一是抓隐患的排查工作；二是抓隐患的跟踪治理工作；三是引进先进技术，提升安全信息管理水平。

国内在矿井安全精细化管理的尝试中存在着问题，表现在：一是安全质量标准化工作中的基础标准不统一，制定质量标准的方法不够科学，工作量过大且效果不够理想；二是“人—机—环境”之间的关系不够协调，如人和所操作的机械设备等不协调，容易产生差错，是安全的极大隐患；三是信息化的利用水平过低，简单工作重复过多，造成大量人力物力的浪费；四是为矿井安全生产服务的设施配置或布局不尽合理。以上原因在很大程度上限制了矿井安全精细化管理的深入实施，为此，就必须在现有成功

推广矿井安全精细化管理的基础上进行创新。

1.2.2 研究目的

本课题研究的目的是基于工业工程(IE)技术的效率优先、不断改进的理念及其特有的理论和方法，对影响煤矿安全精细化管理的关键因素进行研究，并对煤矿的安全度进行分析。在众多的安全管理内容中重点从煤矿安全系统的演化过程及调控时机、安全文化及安全质量标准化建设、煤矿安全资源的配置及成本控制以及生产过程中“人—机—环境”的协调性方面进行分析和探讨，力求以点带面切实提高煤矿安全精细化管理的效果，同时从理论上进行归纳提升。

1.3 研究内容

1.3.1 煤矿安全系统的演化机理

根据煤矿安全系统的特征，结合已有的熵理论在安全方面的研究成果，提出安全熵、安全负熵和安全总熵等基本概念。然后根据安全熵、安全负熵和安全总熵之间的变化情况来分析煤矿安全系统所处的状态，并根据边际安全熵和边际安全负熵的变化情况来判别煤矿安全系统管理调控的时机。

1.3.2 煤矿安全文化及安全质量标准化

结合煤矿企业的实际情况，分析当前煤矿安全文化建设存在的不足，提出煤矿安全文化建设的方法，包括安全文化建设的合理程序、安全文化建设方法的选择以及安全文化建设的基础和保障等方面的内容。

在煤矿安全质量标准化建设方面，采用IE技术的有关理论和方法，确定了煤矿安全质量标准的制定原则，给出了标准的制定程序和标准的分类，提出煤矿安全质量标准的制定方法和信息化建设方面的内容。

1.3.3 煤矿安全资源及安全成本控制

对煤矿安全资源的概念进行梳理和分析，给出安全资源的分类、特性和安全资源的配置作用，在此基础上提出煤矿安全资源配置的思路和保障措施。

在安全成本控制方面，分析煤矿安全成本与煤矿安全保障度之间的关系，根据项目管理中挣值分析的原理，构建煤矿安全挣值分析法的基本参数和评价指标，具体包括预定安全成本值、实际安全成本值和挣得安全成本值3个基本参数以及成本偏差、安全保障度偏差、成本绩效指标和计划绩效指标等4个评价指标。基于所构建的安全成本挣值分析模型，对煤矿的安全成本进行控制。

1.3.4 煤矿安全生产“人—机—环境”协调性分析

分析矿井安全生产中“人—机—环境”的相互关系，包括“人—机”关系、“人—环境”关系、“机—环境”关系以及“人—机—环境”的关系，并运用模糊综合评价模型对“人—机—环境”的相互协调性进行分析。

1.3.5 煤矿安全精细化管理的调控方法

分析煤矿安全精细化管理效率与安全管理要素之间的关系，

明确煤矿安全管理效率的概念内涵及定义，确定其评价指标体系应包含的内容及测评的基本思路，并提出促进煤矿安全管理效率的可行方法及保障措施。

1.3.6 煤矿安全度分析

在归纳梳理安全度的概念、安全度特性的基础上，以煤矿事故量作为自变量，以安全度作为因变量，从公众对煤矿安全成果审视的视角分析事故发生量与总体安全度的关系，并提出相应的安全工作对策。

结合数据包络分析的原理视煤矿的事故作为获得原煤产出的特殊生产要素，构建模型来分析区域煤矿的安全度，并以河南省煤矿为例进行了分析。

1.4 创新之处

① 基于熵理论构建了煤矿安全系统的安全熵、安全负熵和安全总熵，并以这些量的变化判断煤矿安全系统所处的状态；以边际安全熵和边际安全负熵相等时的煤矿安全系统所处的状态为对其进行调控的最佳时机。

② 分析了目前安全质量标准制定方面存在的不足，利用 IE 技术的基本理论和方法，从实用性和规范化的角度提出了煤矿安全质量标准的制定原则、程序、标准的分类和方法。

③ 构建了煤矿安全成本控制的挣得值分析方法，它定期以挣得安全成本值与预定安全成本值和实际安全成本值进行比较获得成本偏差、保障度偏差、成本绩效指标和计划绩效指标 4 个指标以对煤矿的安全成本进行过程控制。

④ 结合中国煤炭行业的实际，从公众认知的角度提出了煤矿的安全度可以用煤矿的负产出来反映，并在此基础上建立了煤矿安全度用煤矿安全负产出表达的模型，并对模型参数的不同取值进行了分析。然后结合模型分析了煤矿为提高安全度应该采取的相关对策，对煤矿安全的宏观管理具有十分重要的指导意义。结合数据包络分析的原理，视煤矿的事故作为获得原煤产出的特殊生产要素，构建模型来分析区域煤矿的安全度，并以河南省煤矿为例进行了分析。

1.5 研究的理论基础概述

1.5.1 安全管理

安全管理是以安全为目的，进行有关决策、计划、组织和控制方面的活动。控制事故是安全管理工作的核心，而控制事故最好的方式就是实施事故预防，即通过管理和技术手段的结合，消除事故隐患，控制不安全行为，保障劳动者的安全。安全管理就是利用管理的活动，将事故预防、应急措施与保险补偿三种手段有机地结合在一起，以达到保障安全的目的[26]。

要实现煤矿的安全目标，保障生产的持续稳定进行，首先需要依靠安全工程技术，这是毋庸置疑的。然而，安全的实现仅靠安全工程技术是远远不够的，它虽然可以预防和规避大多数的危险因素，然而却不能处理由人的因素导致的安全事故。同时安全工程技术的实施效果如何还必须要通过安全管理使之达到最佳的状态。可以说安全工程及技术是实现煤矿安全的必要条件但并不是唯一的条件。而安全管理就是运用管理学中的计划、组织、指挥、协调和控制等手段对安全生产系统的安全设施设备、从业人员、安全信息、安全投入资金等各类安全资源进行优化管理，形成具体可执行的规章制度并监督实施。而实际上煤矿发生的许多事故往往都是管理不善引起的，所以，煤矿的安全管理在实现煤矿的安全目标中功不可没。

煤炭企业安全管理工作包括建立、健全安全管理机构，执行煤炭生产的有关法律、法规和规定，制定和落实煤炭企业生产安全规章制度，编制安全技术措施计划，制定矿井灾害预防与处理计划，对矿井的危险有害因素进行安全分析、安全评价，对煤炭企业的各项安全工作进行监督监察等。

1.5.2 工业工程

工业工程（Industrial Engineering，IE）是对人员、物料、设备、能源和信息所组成的集成系统，进行设计、改善和设置的一门学科。它综合运用数学、物理学和社会科学方面的专门知识和技术，以及工程分析和设计的原理与方法，对系统所取得的成果进行确定、预测和评价。简言之，工业工程的目标就是使生产系统投入的要素得到有效利用，降低成本，保证质量和安全，提高生产率，获得最佳效益[27]。

(1) IE 解决问题的思路和方法

IE 有一套发现问题和解决问题的特有方法，它发现问题的着眼点是宏观层面，而解决问题的入手点则是微观层面。“从宏观上着眼，从微观上入手”，IE 这一发现和解决问题的思路和方法是符合我们认识事物的规律的。

(2) IE 应用的层次性

IE 包括基础 IE 和现代 IE。对于管理水平低下、信息化程度不高的企业，基础 IE 往往能够发挥最大的效力。而对于管理水平先进的企业则可以更多地将现代 IE 的技术方法应用于所研究的对象。

(3) IE 应用的全方位性

IE 不仅能够用于生产系统，而且可以用于服务系统；不仅可以用于处理宏观层次上的问题，而且可以处理微观层次的问题；不仅可以用于解决生产中效率低下的问题，而且可以确保生产中的安全问题；不仅可以解决生产过程中的质量问题，而且还能提高生产过程的经济性。因此，IE 在企业中的应用是全方位的。

(4) IE 应用的开放性

IE 是一门开放性的学科，在其不断的发展变化过程中，IE 始终注意吸收其他学科的理论、技术和方法并充实完善到自身的理论体系中，从而更加有效地提高 IE 技术的适用性。

1.5.3 工业工程与安全管理的共性特征

(1) 注重基础管理

煤矿安全的基础管理包括的内容较多，如安全质量标准化的建立、安全措施的制定和落实、注重基础设施的投入等方面。而 IE 技术应用于研究对象时，就非常注重对基础标准、工艺流程的合理性、设施布局等基础层面的问题进行分析和改善。

(2) 注重人的因素

对于煤矿来说，由于自然条件及安全投入欠缺的原因，完全消除“物的不安全状态”是不现实的。因此，在煤矿生产中培养良好的工作习惯，杜绝从业人员的“不安全行为”能够十分有效地防止事故的发生。而IE技术在对所研究的对象进行分析时就非常注重人的因素,注重让人形成良好的工作习惯、掌握标准的操作流程和动作、具有深刻的质量和安全意识、养成良好的安全行为习惯。

(3) 注重环境的因素

长期在煤(粉)尘、噪声、照明不足、湿度大、温度高等这些“脏、乱、差”环境中工作容易产生疲劳、思想上产生麻痹,产生管理和操作失误,不可避免地会导致事故的发生。虽然恶劣的地质条件无法改变,但是在煤矿的安全管理过程中可以采用IE中人机工程学的知识对生产场所的煤(粉)尘、噪声、照明、湿度、温度等参数进行研究优化,对生产设施设备操作的安全性、舒适性进行改进,为工人提供良好的工作环境,从而提高效率、确保安全生产。

(4) 注重持续改进

在实际的生产过程中,各种危险有害因素在一定条件下是可以转化的,如某些被认为是具有很大危险性的危险源经过整改、采取措施后反而会变得安全起来,而原来构不成威胁的一些危害因素则会由于疏于管理而变成重大危险源,甚至导致重大事故的发生。因此煤矿的安全管理是变化的、动态的,需要不断地持续加以改进,这个改进没有终点,与IE所倡导的持续改进的思想是一致的[28]。

1.5.4 煤矿安全精细化管理

精细化管理是企业为适应集约化和规模化生产方式,建立的一种严谨、扎实和科学的管理模式。精细化管理的核心是精确定位、合理分工、细化责任、量化考核。精确定位是对每个部门、每个岗位的职责都要定位准确，对每个系统的各道工序和各个环节都要规范清晰、有机衔接；合理分工是指细分工作职责和办事程序，从而建立制衡有序、管理有责、高效运行的内部管理系统；细化责任是指通过对各业务部门的责任细化，建立完善的内部管理制度；量化考核是指将各部门的目标量值化，经济责任具体化，对企业经营行为与结果进行控制的过程，考核时做到定量准确，考核及时，奖惩兑现。

煤炭企业安全精细化管理就是对煤炭企业各项安全管理工作进行细化、量化，分清职责、落实到人，并贯彻到各项作业、操作中去，对煤炭生产过程的各种危险有害因素进行有效掌握和控制，形成人人知安全、人人讲安全、人人安全做事、事事有安全监管的工作局面[18]。因此，虽然在煤矿安全管理中有诸多的安全管理方法，但目前比较有效且为众多煤矿企业所采用的是精细化的管理模式。

1.5.5 约束理论

(1) 约束理论的基本思想

约束理论（Theory of Constraints, TOC）最早是由Goldratt[29]提出的，主要应用于生产系统中的瓶颈识别。TOC理论认为，生产系统中至少存在一个是制约整个系统的关键因素，称为瓶颈，可以采用内部或外部手段打破这个瓶颈，当瓶颈被破除后，新的瓶颈又可能会产生。

约束理论所解决的问题，根本上还是由于资源的稀缺性与需求的无限性之间的矛盾。试想在一个生产系统中如果能够满足生产能力的机器设备是无限的，哪里还会存在瓶颈生产能力环节？正是由于资源的稀缺性与需求无限之间的矛盾才会使得约束理论必须首先确定从最关键的地方入手，首先识别对整个系统影响最大的生产环节，这实际上是管理效率思想的深层次体现。而该理论对约束的破解同样遵循着管理效率的思想。因为约束理论在破解瓶颈环节时，首先是从生产系统的内部入手，寻找哪些环节的资源是富余的、未充分利用的，然后补充到瓶颈环节中去。只有内部的可用资源不能够打破瓶颈的制约时，才引入外部的资源来解决。而外部资源所花费的成本、时间甚至努力程度当然不会比利用内部资源来的容易和方便。

(2) 约束理论的应用程序

TOC有一套自己特定的程序和方法来识别和破除在生产过程中的瓶颈制约因素，以促进生产效率的提高。

约束理论的应用程序为[30]：

① 系统约束的识别。如果系统有多个约束，则要对这些约束进行排序。

② 确定如何最大限度地利用约束的方法。挖掘约束未被充分利用的潜能，使系统尽可能高效运行。

③ 调动系统的其他部分支持约束。所有其他部分都必须服从①到②，即使牺牲其资源利用率。

④ 打破约束。如果采取①到③步骤仍不能提升系统的约束能力满足系统目标，则要获得更多的资源能力来解除约束。

⑤ 约束循环。通过以上步骤，如果约束被解除或系统产生新的约束，则返回步骤①。

1.5.6 挣得值分析理论

挣得值分析法首先是在项目管理中提出并加以应用的。挣得值法实际上是一种分析目标实施与目标期望之间差异的方法。故而它又常被称为偏差分析方法。挣得值分析法通过测量和计算已完成工作的预算费用与已完成工作的实际费用和计划工作的预算费用，得到有关计划实施的进度和费用偏差，而达到判断项目预算和进度计划执行情况的目的。它的基本内容是引进一个中间变量即"挣得值"，来表示项目管理者分析项目成本的变动情况，并给出项目成本与工期相关变化的信息，同时对项目成本发展趋势做出科学预测与判断和正确的选择[31]。

挣得值分析法涉及三个基本参数：计划工作量的预算费用(Budgeted Cost for Work Scheduled，BCWS)、已完成工作量的实际费用(Actual Cost for Work Performed，ACWP)和已完成工作量的预算成本(Budgeted Cost for Work Performed，BCWP)。同时挣值法采用4个评价指标：费用偏差(Cost Variance，CV)、进度偏差(Schedule Variance，SV)、费用执行指标(Cost Performed Index，CPI)和进度执行指标(Schedul Performed Index，SPI)。

项目管理的挣值分析法就是通过对这些基本参数和指标的分析来对项目的进度、范围和质量进行有效的控制。

1.6 研究的技术路线

在文献分析的基础上，梳理与本课题研究相关的一些基本概念，然后运用熵理论结合煤矿的实际情况分析煤矿安全系统的演化机理；分析煤矿安全文化的建设方法及煤矿安全质量标准化标准的制定方法;研究煤矿安全资源配置的基本思路及方法,并根据项目管理中挣得值分析的原理构建基于挣得值分析法的安全成本控制模型;采用模糊综合评判的方法,以具体矿井的实例分析煤矿"人—机—环境"的协调性;探讨煤矿安全精细化管理的规律,明确煤矿安全精细化管理效率的内涵、评价指标体系的基本内容及煤矿安全管理效率评价的基本方法;建立煤矿安全度的理论模型并进行分析;基于特殊生产要素视角对区域煤矿的安全度进行分析。研究的技术路线见图 1-1。

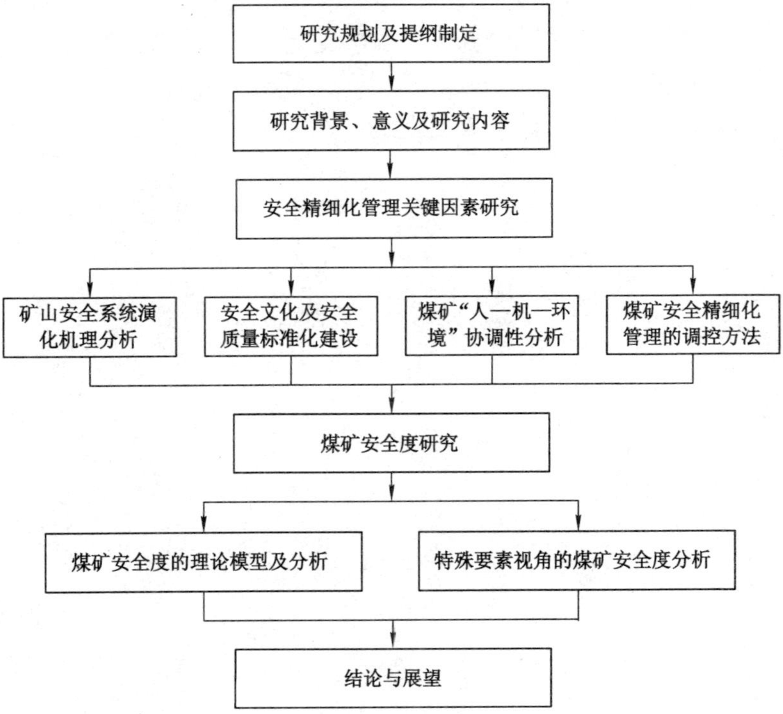

图 1-1 技术路线

第 2 章

煤矿安全系统演化机理及安全管理模式选择

我国的煤矿企业事故频发的原因是多方面的，但有一点可以肯定的是煤矿安全系统的构成要素复杂，要素及要素之间的相互作用对煤矿安全系统的影响是比较大的。煤矿安全系统中任何一个要素的不良变动，对煤矿安全系统的所处状态均会造成负面的影响，甚至导致安全事故的发生。因此，深入探讨煤矿安全系统的演化机理，并根据煤矿安全系统所处的不同状态采取相应的对策是十分有意义的。这里从分析煤矿安全系统的特征入手，阐述了熵理论在煤矿安全系统中的适用性，并构建了相应的安全熵理论，在此基础上分析了煤矿安全系统的演化机理，然后提出了适合煤矿安全状态实现的精细化管理模式。

2.1 熵与煤矿安全系统

2.1.1 熵及其应用

熵最初由克劳修斯提出，是描述系统状态的物理量，熵值的大小反映了系统的有序程度。自从熵的概念被提出以后，100多年来，熵的应用从最初的热力学、统计物理学的范畴，延伸到天体物理、生物学、地学、信息论，并进而扩展到整个自然科学，又深入到社会科学的许多领域。

目前，在安全领域内熵的应用已经初见端倪。张景林[32]和蔡天富[33]分别在文献中提到了安全系统的特征及熵理论可以在安全系统加以应用的理论。有理由相信，随着专家、学者们的努力，熵理论在安全领域中的应用会更加广泛和深入。

2.1.2 煤矿安全熵理论的构建

（1）煤矿安全系统的特征

对于安全系统是以耗散结构形式存在的这一论断，张景林在文献[32]中已经进行了分析，他分别论证了安全系统是开放的、动态的、非线性系统和远离原始态的系统，并分析论证了其形成机理。而煤矿的安全系统属于安全系统的一种，其与外界进行着物质、能量和信息的交换，因此煤矿安全系统也是一个开放的耗散结构系统。

（2）安全熵理论的构建

蔡天富文献[33]重点提出了安全度和安全熵的基本观点，并从“人—机—环境”的角度探讨了安全系统的数学模型。本研究则在此基础上根据煤矿安全系统的特征，对安全系统的熵理论加以适当的延伸和拓展，用以分析煤矿安全系统的演化机理[34]。

① 安全熵。

安全熵是某一安全因素自身状态混乱度的一种量度，用安全度来表示。安全熵的表达式为：

$$S(x_i) = k\log(1/P(x_i)) = -k\log P(x_i) \quad (i = 1,2,\cdots,n)$$

式中 x_i——第 i 个安全因素；

$S(x_i)$——某一安全因素的安全熵；

$P(x_i)$——某一安全因素 x_i 的安全度；

k——待定系数，为了与其他理论方面相结合而起到桥梁作用。

安全系统的安全熵可以表示为：

$$S = -k\sum P(x_i)\log P(x_i) \quad (i = 1,2,\cdots,n)$$

式中　S——安全系统的安全熵；

$k,x_i,P(x_i)$的意义同前。

② 安全负熵。

某一安全因素的安全负熵是与其安全熵相反的使安全系统向有序状态发展的负熵流，其表达式为：

$$S_n(x_i) = k\log P(x_i) \quad (i = 1,2,\cdots,n)$$

式中　$S_n(x_i)$——某一安全因素的安全负熵；

$k,x_i,P(x_i)$的意义同前。

安全系统负熵的表达式：

$$S_n = k\sum P(x_i)\log P(x_i) \quad (i = 1,2,\cdots,n)$$

式中　S_n——安全系统的安全负熵；

$k,x_i,P(x_i)$的意义同前。

③ 安全总熵。

安全系统总熵是安全熵与安全负熵交互影响、相互作用的结果，其数学表达式为：

$$S_T = S + S_n$$

式中　S_T——安全系统的安全总熵；

S,S_n的意义同前。

④ 安全系统有序状态的表征。

只有当安全总熵 $S_T<0$，即$|S|<|S_n|$时，安全系统才能处于新的平衡状态，从而实现安全系统的稳定有序，这时的安全系统是处于良好的不发生事故的状态。

2.2 煤矿安全系统的演化过程

煤矿安全系统总体所处状态的演化过程，可运用所构建的熵理论来分析探讨。由前述安全总熵的表达式 $S_T = S + S_n$ 可知：S 总是大于 0，而 S_n 可正、可负，因此煤矿安全系统的安全总熵 S_T 可以有如下情况[35]：

2.2.1 煤矿安全系统的无序状态

煤矿安全系统处于无序状态的表征是以安全总熵 $S_T>0$ 来反映的。

当 $S_T>0$ 时，存在两种情况，一种情况是 $S_n<0$，且 $|S_n|<|S|$，煤矿安全系统内产生的安全熵的强度大于安全负熵，则安全熵产生的无序化效应大于安全负熵产生的有序化效应。此时表明，虽然针对煤矿安全系统使其向安全状态进行了努力，但效果不佳，煤矿安全系统总体安全状态堪忧。

另外一种情况是 $S_n>0$，这时，煤矿安全系统安全负熵不仅没有抵消安全系统内部的安全熵，而且增强了安全熵，导致煤矿安全系统的安全总熵不断增加。这是一种非常坏的情况，即可能是对煤矿安全工作不重视、不作为，或者采取无效的、错误的管理手段，在一定程度上极有可能会导致煤矿安全事故的发生，需要特别加以注意。

2.2.2 煤矿安全系统的有序状态

煤矿安全系统处于有序状态的表征是以安全总熵 $S_T<0$ 来反映的。

当 $S_T<0$ 时，即 $S_n<0$，且 $|S_n|>|S|$，煤矿安全系统的安全负熵强度大于煤矿安全系统的安全熵，此时流入煤矿安全系统的安全负熵完全抵消了安全系统内部的安全熵，使得安全总熵呈现负值，煤矿安全系统的有序化趋势大于无序化趋势。这时表明，煤矿安全系统采取了可靠的安全技术及工程，安全管理的手段和对策是合适的，能够促进安全系统的良性发展。

2.2.3　煤矿安全系统的临界状态

煤矿安全系统处于临界状态的表征是以安全总熵 $S_T=0$ 来反映的。

当 $S_T=0$ 时，即 $S_n<0$，且 $|S_n|=|S|$。此时，煤矿安全系统外部引入的安全负熵与安全系统内部的安全熵相等，也就是煤矿安全系统的有序化趋势与无序化趋势处于均衡状态，系统的有序性和无序性相互交融、相互抵消，其安全总熵等于零。这时煤矿安全系统表现出来的状态为煤矿安全系统处于安全与非安全的临界状态，但这个状态不会持续太久，随着二者的相互作用，以及煤矿安全系统本身组成诸要素的改变和外界环境的变化，这种临界状态终究会发生改变，或者向有序状态改变，或者向无序状态改变。

2.3　煤矿安全系统管理调控的时机选择

2.3.1　煤矿安全系统安全效率的判别量

前文已叙及根据熵理论拓展构建的煤矿安全系统状态的安全总熵、安全熵和安全负熵之间的相对变化，可以判断煤矿安全系统是否处于有序、安全的状态。但是,何时是最佳的对煤矿安全系统施加管理调控的时机,单单依据煤矿安全总熵是无法获得的。为了正确判别煤矿安全系统的调控时机,这里引入边际安全熵和边际安全负熵的概念。

边际安全熵$\left(\frac{\mathrm{d}S}{\mathrm{d}T}\right)$指的是当时间发生微小变化时所引起的安全熵值的变化,反映了安全系统内熵增的速度。边际安全负熵$\left(\frac{\mathrm{d}S_n}{\mathrm{d}T}\right)$指的是当时间发生微小变化时所引入的安全负熵值的变化,反映了安全系统从外部引入负熵流的速度。可以通过对比边际安全熵和边际安全负熵的大小,来判断安全熵增加的速度及安全负熵增加的速度,从而可以判断何时对安全系统进行调控为最佳时机。

2.3.2 煤矿安全系统调控时机的分析

可以根据边际安全熵和边际安全负熵的速度变化的对比来判断安全系统效率所处的状态。

(1) 需采取紧急安全调控措施的时机

根据安全边际理论,当$\frac{\mathrm{d}S}{\mathrm{d}T}>\frac{\mathrm{d}S_n}{\mathrm{d}T}$时,煤矿安全系统的运行效率明显地处于递减的趋势。此时,煤矿的安全系统状况不容乐观,在宏观表现上为现有的安全技术措施、安全管理手段或管理模式已经不够奏效,安全事故处于即将发生或已经发生了相关事故的状态。这一时期,根据$\frac{\mathrm{d}S}{\mathrm{d}T}$和$\frac{\mathrm{d}S_n}{\mathrm{d}T}$对比的强度的不同,可以判别系统处于危险状况的等级,前者变化的速率越大则说明煤矿安全系统处于危险境地的状况越糟糕。因此,在这种状态下必须立即采取强有力的安全措施，否则后果不堪设想。对于此时的安全状态，在煤矿的安全管理中是一定要避免的。如果此时已经发生了事故，则损失是巨大的；即使还未发生事故，但要使得煤矿安全系统的状态重新回到有序的安全状态也是要付出较大的代价的。

(2) 维持当前安全状态的时机

当$\frac{dS}{dT}<\frac{dS_n}{dT}$时，表示煤矿安全系统的效率没有达到最大，安全负熵起主导作用。煤矿安全系统在宏观上的表现是煤矿的安全系统运用了新的安全技术措施、采取了新的管理模式或管理手段，构成煤矿安全系统的各个要素如人、机、环境等的相互协调和配合均处于较佳的运行状态。此时，煤矿的安全系统处于安全生产的稳定状态，基本上没有或不会发生安全事故。此时的工作就是维持当前有效的安全技术措施和安全管理模式。

(3) 安全系统管理调控的最佳调控时机

当$\frac{dS}{dT}=\frac{dS_n}{dT}$时，表示煤矿安全系统的效率达到最大，即煤矿安全系统内部安全熵增加的速度与煤矿安全系统引入的安全负熵的速度相等。此时，煤矿安全系统在宏观上的表现是随着原有安全技术措施、管理模式或手段的逐渐深入，煤矿安全系统进一步改进的效率逐渐在降低，原有管理方法、规章制度、机械设备和环境的适应性等的运行效率逐渐降低，煤矿安全系统的运行效率达到最大临界点，此后煤矿安全系统的运行效率开始衰退。所以，此时是对煤矿安全系统进行调控的最佳时期。因为过早地对安全系统进行调控，则原有投入的人、财、物等尚未发挥出最大的效率就予以更换，不仅不能使安全系统达到安全稳定状态（新的扰动使得煤矿安全系统处于不稳定状态），而且会是一种巨大的浪费;相反,调控进行的较晚,则煤矿的安全系统已经处于恶化的状态,并且如不及时地采取措施,可能会导致重大安全事故的发生,此时要使安全系统重新回到有序安全状态,是要付出巨大的代价的。

2.4 煤矿安全的管理模式选择

2.4.1 煤矿安全系统的影响因素

煤矿安全系统在熵理论的视角下是以是否处于有序的稳定状态来判断的,而在宏观的表现上是以整个煤矿安全系统的安全度来表征的。煤矿安全系统概括来说是一个“人—机—环境”系统,对煤矿安全性的研究就是确定包含有人在内的整个系统的安全度。“人—机—环境”系统的安全度是受人、机、环境 3 个因素的影响,即系统的安全度是人、机、环境 3 个子系统的函数,可以看作是功能串联系统。通用表达式为[36]:

$$P_s = F(P_h, P_m, P_e) = P_h \cdot P_m \cdot P_e$$

式中 P_s——整个系统的安全度;

P_h——人的安全度;

P_m——机的安全度;

P_e——环境的安全度。

进一步分析,每一个人、机、环境子系统都是由诸多的因素影响的。如人的因素中人的受教育程度、对待安全工作的态度、思想意识等方面的内容;机的因素方面有机器设备的固有安全属性、机器的维护状况等方面的内容;环境的因素方面如煤矿的原本地质条件,工作环境的照明、温度、噪声、粉尘等方面的内容。

因此可以针对人的安全度 P_h、机的安全度 P_m 和环境的安全度 P_e 分别构建相应的子函数。

$$P_h = F_h(P_{h1}, P_{h2}, P_{h3}, \cdots, P_{hi}, \cdots, P_{hR}) \quad (i = 1, 2, \cdots, R)$$

$$P_m = F_m(P_{m1}, P_{m2}, P_{m3}, \cdots, P_{hj}, \cdots, P_{hJ}) \quad (j = 1, 2, \cdots, J)$$

$$P_e = F_e(P_{e1}, P_{e2}, P_{e3}, \cdots, P_{ek}, \cdots, P_{eW}) \quad (k = 1, 2, \cdots, W)$$

式中　P_{hi}——影响人的安全度共 R 个因素中第 i 个因素的安全度；

P_{mj}——影响机的安全度共 J 个因素中第 j 个因素的安全度；

P_{ek}——影响环境的安全度共 W 个因素中第 k 个因素的安全度。

因此，我们可以看出煤矿安全系统的影响因素是多而复杂的，诸多的影响因素中任何一个因素的不良变化都可能对安全系统有负面的影响，可能导致煤矿安全系统的熵增，从而导致安全系统的无序。所以，对构成煤矿安全系统的要素均要进行精细化的管理，促使其良好协调运行，维护煤矿安全系统的有序、稳定。

2.4.2　适合煤矿安全状态实现的精细化管理模式

由于煤矿安全系统涉及的因素多、系统复杂，所以要实现煤矿安全系统的稳定、有序就必须考虑各方面的因素。在煤矿安全的诸种管理模式中，当前最有效的是精细化的管理模式。因为精细化管理的核心思想是“精、准、细、严”，即精益求精、准确准时、管理做细、严格控制偏差和严格执行标准制度。具体来说就是，煤矿安全生产管理制度、煤矿安全作业标准、煤矿安全质量标准以及煤矿安全信息都要采取精细化的管理模式[37]。

2.4.3 煤矿安全精细化管理的关键内容

煤矿实施精细化的管理模式涉及的因素复杂、内容较多，但是从总体来看，要确保煤矿的安全系统处于有序、稳定的安全状态，需要研究其对管理效率影响最大的因素。通过分析可以发现，煤矿实现安全精细化管理模式必须注重如下方面的内容：

(1) 煤矿安全质量标准化标准的建立

煤矿实现安全精细化管理的首要工作是安全质量标准化。煤矿安全质量标准化就是将“安全质量标准”作为高度统一体，以安全生产为目标，从基础管理工作入手，对煤矿安全生产管理的过程和结果，制定具体的操作规程、工艺流程、运行程序、机构职责等安全质量标准和量化指标；对影响安全生产的设备设施、作业环境和职业危害等因素，规范其安全质量技术状态，控制不安全状态和不安全行为；将企业中的各个部门、各个环节的安全生产工作有机结合，形成一个既有明确的目标和任务，又能互相协调、互相促进的有机整体[38]。因此，煤矿安全精细化管理的前提和基础：是必须确保有符合煤矿企业实际的能够适用于煤矿安全系统的安全质量标准。

(2) 煤矿安全信息化的建设

由于精细化管理涉及的工作内容繁琐、复杂，给精细化管理工作带来了不少的阻力，如信息量过大，造成统计困难；来自基层的信息被层层过滤后发生失真现象；考核工作中的人为因素降低了考核的公正度；由于精细化管理增加了工作量和工作程序，部分职工产生了抵触心理[39]。所以，推进煤矿安全信息化的建设是煤矿安全精细化管理模式的重要保障。

(3) 安全文化的建设

安全文化的目的是提高人的安全素质，建设本质安全的环境和氛围，为预防事故构筑基础。煤矿企业通过安全文化的导向功能、约束功能、凝聚功能、激励功能和辐射功能，将煤矿安全系统中占主导地位的人的因素充分调动起来，可以有效地促进煤矿安全系统向有序的稳定状态发展，从而实现煤矿的安全生产。因此，煤矿企业必须注重煤矿安全文化的建设。

(4) 煤矿安全的预警系统的建立

煤矿安全精细化管理的目的是为了实现煤矿安全系统的安全状态，因此必须根据煤矿当前的状况来确定实际的管理模式。预警系统是一个动态系统，它必须对煤矿的各类危险源进行不间断的连续监测。根据企业制定的、行业主管部门批准的预临界值或预临界环境参数值对危险源进行动态监测，只要有一种危险源达到预临界值或预临界环境参数值时，企业就进入预警管理期[40]。此时必须采取有效的措施，使得煤矿安全系统重新回到稳定状态。

2.4.4 工业工程在煤矿精细化安全管理中的作用

我国的煤矿企业由于投资主体的不同，管理的水平也不尽相同。国有或国有控股煤矿的管理水平相对较高，而地方或个人投资的煤矿则管理水平相对较低。由于管理具有累积性[41]，不是一蹴而就的事情，所以实际的安全管理手段必须具有针对性，要与当前煤矿企业的管理水平相适应，不能脱离实际[28]。

(1) 适用于不同管理水平的煤矿

① 管理水平落后煤矿的适用性。

管理水平相对比较落后的煤矿企业，是基础 IE 的用武之地。基础 IE 主要是工作研究和现场管理的基本内容，而工作研究又分为方法研究和作业测定。在煤矿的安全管理中，可采用 IE 技术根据《煤矿安全规程》的规定，结合煤矿开采条件、工程内容、系统和工艺要求等，对工人的操作流程进行合理的优化分析、对作业规程的编制提供帮助、对基础设施的布局进行优化分析、对危险性操作的动作进行时间研究等可取得立竿见影的效果[42]。

② 管理水平先进煤矿的适用性。

管理水平相对较先进的煤矿企业，在继续应用基础 IE 进行优化改善的基础上，可以采用现代 IE 的有关技术和方法。管理先进的大型煤矿在对煤矿安全进行管理时，综合运用了计算机技术、无线通讯技术、系统优化技术等，可以对生产的各个方面进行监控，无论是在矿井下还是在矿井上，作业人员的行踪、作业状态都一目了然。此外，还可以采用计算机仿真技术对煤矿中潜在的危险有害因素所产生的后果进行模拟，以便为安全管理提供有针对性的对策。

(2) 适用于不同的管理层次

IE 能够适用于不同的安全管理层次，无论是安全战略规划的制定、安全管理投入决策，还是具体安全措施的实施和制定，IE 都能很好地适应。

① 宏观的管理层次。

在煤矿的宏观管理层次上，IE 能够帮助决策者对安全管理的规划、安全费用的投入以及取得的效果进行预先的分析，达到“未雨绸缪”，可以在今后的安全管理工作中少走弯路，以较少的安全投入取得较佳的安全效果；同时，还可以从总体上分析把握一个安全生产周期内安全状况的总体情况。

② 微观的管理层次。

微观的安全管理层次指的是具体的安全管理工作中的应用，比如生产现场安全隐患的识别、工人操作动作不规范的发现和纠正、作业流程合理化、安全生产设施的合理配备、安全质量标准化合理制定、作业规程的制定等均可以采用。

(3) 适用于不同的工作场合

IE 在煤矿安全管理中的应用是较为广泛的，不仅可以适用于现场的安全管理，而且可适用于辅助服务部门的安全管理，还可以在员工的安全教育和培训方面发挥作用。

① 生产现场的安全管理。

IE 对煤矿生产现场的管理是卓有成效的，煤矿的生产系统多、涉及的设施设备多、生产环境复杂、生产工艺流程多，加之工种也较多，如果不合理地进行规划和管理，则安全事故的发生是很有可能的。可以采用“5S”管理的基本方法和理念来对现场进行优化管理，清除不必要的杂物，保持工作场所的井然有序，培养良好的工作素质，确保安全生产。

② 辅助服务部门的安全管理。

辅助服务部门的安全管理同样重要。在安全管理过程中，为煤矿生产服务的辅助服务部门如材料供应、提升运输、后勤保障等同样需要运用 IE 技术的理论和方法，对各自的系统进行优化改善，确保安全生产的顺利进行。

③ 员工的安全教育和培训。

煤炭生产行业是一个特殊的具有高度危险性的行业，从业人员根据不同的工种需要接受专业的培训并经考核合格后才能上岗。虽然煤矿从业人员都具有从事特定工作的技能，但是这还远远不够，因为人的思想总是容易麻痹的。可能对于新工人，看到或听到煤矿事故的严重性思想上刚开始会非常重视，学习各项安全制度和操作规程也会比较认真，实际工作中也会规范地工作，但是时间一长，自己从事的工作没有发生过事故，思想上就会松懈下来，往往这时候事故就会找上门来。

IE在员工的安全教育和培训中的应用，一方面是采用IE的方法合理地安排培训计划，针对不同层次的人员安排不同的培训内容，做到用较少的培训工作量和经费投入达到最好的培训效果；另一方面是将IE的效率和安全的思想和方法灌输到员工的头脑中，做到在工作中时时刻刻能够发现问题、识别安全隐患，并积极地采用包括IE在内的方法来消除安全隐患、确保安全生产。

(4) 适用于不同的安全管理对象

① 煤矿安全设施的管理。

煤矿的生产系统是一个复杂的系统，涉及的设施设备较多，这些设施和设备既是生产过程中必需的又是安全生产所必需的如通风机、空压机、提升运输机、单体液压支柱、支架等，其他的如机电硐室、避难硐室、井下消防硐室、井下火药库等。对这些设施和设备要很好地加以管理，具体的做法是根据《煤矿安全规程》及煤矿设计的基本要求，将IE的思想和方法融入到这些安全设施设备的管理过程中去，合理地布置和使用这些安全设施设备，使其能够发挥出更大的安全和经济效益。

② 煤矿安全生产环境的管理。

煤矿企业是一个依靠资源开采为主的企业，而我国煤炭资源赋存的地质条件多数是较复杂的，这就天然地决定了矿井的生产环境是恶劣的。我国的煤矿多数受着瓦斯、水、顶底板、热害等自然因素的侵扰，除此之外，生产过程中火、粉（煤）尘、噪声也是严重的职业危害。在矿井的安全生产过程中采用 IE 技术结合煤矿安全生产的专有技术，首先对这些危害因素进行最大程度的消除，然后对作业环境进行彻底的优化和治理，能够收到良好的效果。

③ 煤矿安全标准化基础标准的管理。

煤矿安全质量标准化是指煤炭企业在生产经营活动中实施质量标准化工作，在安全宣传教育、隐患排查检查、信息反馈和统计、事故预防、抢险、处理等方方面面建立起工作规范、责任制度、管理质量标准，并严格执行，以减少、避免直至消除安全事故，使煤矿始终处于安全生产的良好状态[43]。

煤矿要实现安全生产，则必须实行精细化的管理模式，而精细化管理模式的核心是定量化、标准化和严格的考核体系。因此，制定安全的基础标准是实现安全管理的基础。IE 技术特有的"精细入微"的分析问题的思路和方法，对制定安全质量标准化无疑是非常适用的。如采煤工作中支护工的工作程序，可以采用动作分析的方法，对原有的工作流程进行记录，采用"5W1H"（为英文中"What，Why，When，Where，Who，How"首字母的简称）和"ECRS"（为"Eliminate，Combine，Rearrange，Simple"首字母的简称）的基本方法，结合煤矿的作业规程，详细地分析其动作，剔除不合理的方面，然后制定标准的支护操作动作。其他的诸如井下电缆的吊挂标准、电机车的操作标准、口令要求、作业程序等都必须标准化，并真正地贯彻执行。同时，这些标准也要根据生产条件的变化及时适当地加以调整，才能为矿井的安全管理打下厚实的基础。

④ 煤矿安全投入资金的管理。

煤矿的安全生产必须要有一定的安全投入作为保障，这种投入最终将转化为煤矿的安全成本。在煤矿的生产实践中，安全保障度过低，事故频发，损失大，是要避免的，但也不是不计效益地越高越好，客观上要求实现一个合理的安全保障度[44]。这就需要采用 IE 的思想和理论方法，在确保达到安全保障水平的基础上，尽可能地控制安全投入的成本。

⑤ 煤矿安全信息的管理。

在煤矿的安全管理中，对安全信息的管理是非常重要的，因为煤矿涉及的生产系统多、设备设施数量大、工种复杂、地质条件差，而要对这些危险有害因素进行及时的掌握，则必须要建立矿井的安全信息管理系统。矿井安全信息管理系统重点是生产调度系统、通风防毒系统及物资供应系统[45]。运用 IE 技术结合计算机网络技术构建安全可靠的安全信息管理系统，就可以实现对井上下各生产系统的合理调度，追踪和发现工人的不当操作行为，识别安全隐患、安全生产必需的物料的短缺情况等等内容，并及时采取应对措施。

(5) 适用于煤矿安全管理的不同阶段

煤矿的安全管理是一项系统的管理过程，要从煤矿安全管理的战略高度进行规划、设计，然后在具体的安全管理过程中时刻注意防范事故的发生，一旦发生安全事故时能够立即启动应急救援工作，在最短的时间内最大限度地降低事故程度。

① 煤矿安全管理的规划与设计。

煤矿安全管理的规划与设计就是运用 IE 的基本原理和方法，统筹考虑某一生产周期内要达到的安全保障度、安全投入的资金，集团公司或主管部门对安全工作的指示等因素，细化每个生产环节、每个阶段应该采取的管理手段和措施。只有事先对安全管理所要达到的目标进行规划，并制定相应的应对措施才能低成本、高效率地实现安全生产的总体目标。

② 煤矿正常生产时事故的预防和控制。

煤矿正常生产时，需要运用 IE 发现问题和分析问题的方法，对可能发生的问题进行预先的识别和控制，将事故的根源消灭在萌芽状态。对于煤矿来说，发现安全隐患问题是制定安全措施确保安全生产的首要工作，但这一点有时是相对比较困难的。而 IE 可以采用自身特有的手段，应用看出问题、问出问题、实验出问题、换角度找出问题以及挖掘出问题等方法来发现安全隐患[46]，然后结合煤矿的具体实际，迅速制定隐患整改措施，并付诸实施。

③ 煤矿事故发生时的应急救援。

一旦发生事故，可以采用 IE 的优化组织的相关理论和方法，成立救援指挥中心，迅速启动应急救援预案，合理调配救援物资和救援人员，组织相关的工程技术人员和抢险救护人员迅速有效地施救，同时与社会各界保持信息的良好沟通。

第 3 章

煤矿安全文化及安全质量标准化建设

3.1　煤矿安全文化

3.1.1　煤矿安全文化的重要性

安全文化是人类为防范生产、生活风险，实现生命安全与健康保障、社会和谐与企业持续发展，所创造的安全精神价值和物质价值的总和[47]。煤矿企业安全文化是在煤矿中居主导地位，并为绝大部分员工所接受的安全生产价值观、安全生产信念、安全生产行为准则，及具有特色的安全生产行为方式与安全生产物质表现的总称[48]。在煤矿企业中推行安全文化可以规范煤矿职工的安全行为，组织和协调安全管理机制，使生产进入安全高效的良性状态，提高企业职工的安全修养，改进其安全意识和行为，从而使职工从不得不服从管理制度的被动执行状态，转变成主动地按安全要求采取行动，即从“要我遵章守纪”转变成“我要遵章守纪”。

当前诸多煤矿企业已经实施了安全文化建设，并且取得了显著的效果。但煤矿企业安全文化是一个受多方面因素影响的、复杂的以煤矿企业安全观念为核心，安全制度、安全行为与安全物态围绕安全观念相互影响交错融合的动态系统[49]。因此，煤矿企业在安全文化建设的过程中均存在一些制约安全文化建设的问题。针对这些问题，必须对煤矿安全文化建设的程序、方法以及保障措施等进行探讨，以期促进煤矿企业安全文化的建设[50]。

3.1.2 煤矿安全文化建设的不足

国内许多煤矿企业在安全文化的建设上虽然取得了一些成功的经验，但是还存在着安全文化建设的程序不合理、安全文化建设的针对性不强和实际执行过程中文化的倡导者和文化的接受者的观念不相融等等诸多问题，导致了所构建的安全文化针对性不强、有效性不高，达不到预期的目标。

(1) 安全文化的建设程序有待优化

煤矿企业安全文化的建设是一项繁琐而精细的系统工程，它涉及的工作范围广、人员多、持续的周期长、安全文化的成效相对较慢。对于煤矿企业的广大职工来说，不仅需要有安全文化建设的热情，更要有将安全文化建设好的恒心和毅力。虽然当前煤矿企业对安全文化的建设热情较高，但是不少煤矿企业在建设安全文化的过程中程序不尽合理，导致付出的工作量、投入的资金与预期的目标有较大的差异。所以，针对煤矿企业的实际，必须遵循合理的建设程序。

(2) 安全文化的建设氛围需进一步加强

煤矿企业安全文化建设的氛围虽然表面上轰轰烈烈，但实际上并没有达到应有的效果。具体表现是基层的管理人员及一线职工思想意识薄弱，认为安全文化只不过是“搞形式”和“走过场”，对安全生产没有多大作用。而安全文化的最终目标是达到整体的自觉，尤其是一线的干部和职工；否则，安全文化的建设是没有意义的。所以，安全文化建设氛围的加强必须从重视基层员工方面着手。

因此，必须从煤矿企业实际情况出发，紧密结合安全生产工作的实际，不断创新活动载体。在安全教育的形式和内容上要推陈出新，使安全教育具有知识性、趣味性，寓教于乐，让广大员工在参与活动中受到教育和熏陶，在潜移默化中强化安全意识，逐步形成“人人讲安全，事事保安全，时时抓安全”的氛围[51]。

(3) 结合企业自身的特色不明确

煤矿企业由于受地质环境条件、工艺装备、人员素质等的影响，安全生产的危害因素较多。虽然各个煤矿影响安全的因素具有相似性，但各个煤矿受到威胁的危害因素的重要性却是有差异的。为此，必须在统筹考虑各危害因素的情况下，对重大危险源着重加以分析、识别，并将其融入到安全文化的建设过程中去。如某一煤矿企业可能受到的最大威胁是瓦斯，而另一煤矿企业可能受到得最大危害是水，那么在安全文化的建设过程中就要体现出对这些不同的危险有害因素的防治内容。当然，随着煤矿开采位置的不断变化，安全文化中所包含的对危害因素的防治对策也应及时地进行调整。

(4) 安全文化的建设手段不够灵活

当前安全文化建设的手段几乎都是类似的，当然这无可厚非，但针对一些具体的问题应该更加灵活。如对内部安全管理制度的制定、安全文化绩效考核手段等的实施应更灵活。如在当前的形势下，煤矿企业的投资主体呈现多样化、多层次性，国内多个省份都在加大煤矿企业整合的力度，当前煤矿企业的类型不仅有大、中、小型企业之分，更有老企业、资源整合企业、新建企业之分。因此，针对不同类型的企业，安全文化的建设方法不尽相同，需要针对不同的特点采取灵活多样的安全文化建设手段。

3.1.3 煤矿安全文化的建设方法

(1) 安全文化建设的合理程序

煤矿企业安全文化的建设是一项需要耗费人力、物力并且需要大量精细化工作并长期坚持的系统工程。为此,遵循一定的建设程序将对整个安全文化的建设工作起到事半功倍的效果。总体来说,煤矿安全文化的建设可分为三个大的建设阶段,即规划设计阶段、建设实施阶段和完善改进阶段。而每个不同的阶段又有许多不同的任务需要完成。煤矿安全文化建设的合理程序如图 3-1 所示。

① 安全文化建设的规划设计阶段。

煤矿企业安全文化的建设精细而琐碎,并且需要长期持之以恒的坚持下去,为此必须做好安全文化建设的规划设计工作。煤矿安全文化建设的规划设计阶段要做的工作任务包括:安全文化领导机构的成立及各建设小组人员的组成、安全文化建设推进阶段的规划、安全文化层次结构的初步建设规划、安全文化各个阶段所用策略的初步拟定、安全文化建设过程的保障措施等一系列工作。安全文化建设的规划设计阶段需要综合考虑煤矿企业自身的实际,可在有关的专业人士的指导下由煤矿企业不同层次的人员参加。

② 安全文化建设的实施阶段。

煤矿企业安全文化建设的具体实施过程实际需要做大量的细致工作,包括:煤矿企业安全物质文化、煤矿企业安全行为文化、煤矿企业安全管理制度文化以及煤矿企业安全观念文化,又称为煤矿企业安全文化的物质层、行为层、制度层和精神层。该

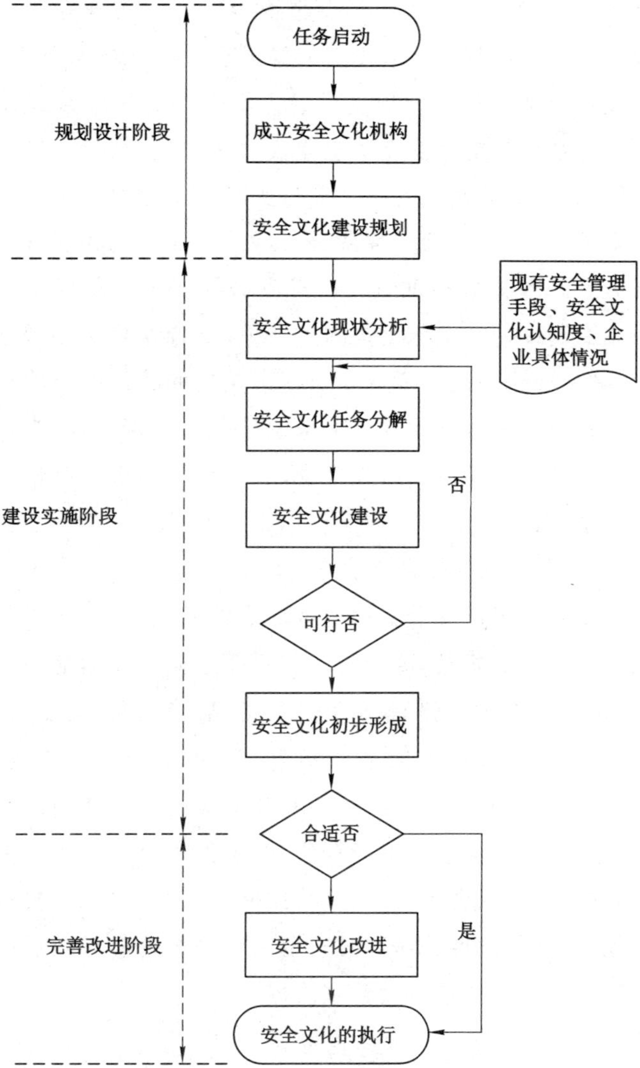

图 3-1　煤矿企业安全文化建设程序

阶段是将规划设计阶段的一些设想逐步地加以实现并达成目标的过程。具体来说就是在分析当前煤矿企业现状的基础上，按照煤矿企业安全文化建设的规划设计方案合理有序地开展建设工作。如首先必须分析目前煤矿企业安全文化建设状况、造成目前状况的原因、当前的文化建设水平与实际的安全生产是否相符等一系列问题。然后，在充分掌握安全文化建设现状的基础上，实行自下而上的方法培育班组、队、科室等的安全文化理念并制定相应的规章制度。在领导机构的支持下，结合安全文化理念的形成、安全制度文化的制定进行安全物态文化的建设。当然这个过程对煤矿企业的全体领导和员工来说是非常辛苦的，因为它需要全员的参与并要不断地反馈和改进，直到初步形成具有自己煤矿特色的安全文化。

③ 安全文化建设的完善改进阶段。

该阶段是在煤矿安全文化初步形成的基础上，对取得的成果加以完善和改进的阶段，这个阶段需要在企业的存续期间一直进行。因为，随着企业内外部条件的改变，某些理念、制度、物态的文化也需要加以改变，方能适应安全生产的需要。具体地说，原来低瓦斯的矿井，则可能会由于随着开采深度的增加而逐渐演变为高瓦斯的矿井，这时候在安全文化的建设过程中必须进行实时、适当的调整。或者，企业在存续期间由于整合重组的原因，需要与其他的企业进行结合，这时安全文化是否适应重组后的企业安全生产的需要便要进行完善和改进。

(2) 安全文化建设的方法选择

我国是一个以煤炭资源为主体能源的国家，我国煤矿的数量众多、规模不一、投资主体也各不相同，因此针对不同规模、不同投资主体的煤矿安全文化建设的策略也应该有所不同。下面就针对不同的煤矿企业文化建设方法进行探讨。由于我国小型的煤矿企业整体素质比较差，所以对安全文化的重视程度远远比不上大中型煤矿企业的建设情况，所以该处探讨主要以大中型煤矿企业为主。

① 新建煤矿企业的安全文化建设方法。

新建煤矿企业安全文化的建设既有自己的优势，也面临着压力。新建煤矿企业安全文化存在的优势在于，可以在煤矿建设时期就着手安全文化的建设。这样系统的规划，按照矿井的建设阶段及生产阶段规定详细的目标，将会收到良好的效果。其存在的困难在于需要较多的人力、物力，需要提炼安全文化理念、构建安全制度文化，并同时构建煤矿的安全物质文化。

新建煤矿企业安全文化建设的关键是在煤矿建设的初期就要将安全文化作为整体煤矿建设的一部分，该阶段的核心就是从煤矿的建设阶段就开始着手，将艰苦创业的精神、安全的重要性等融入到安全文化建设的过程中去。该类型企业要解决的一个主要问题是矿井建设人员与煤矿人员的融合问题、建设阶段安全文化与生产阶段文化的衔接问题。

② 老企业的安全文化建设方法。

原有煤矿企业在长期的生产过程中形成了自身的安全文化的内涵，这种内涵同样可能体现在安全文化的理念、制度文化以及物质文化中。这时候，对安全文化的再建设就要采取继承创新的方法。即在原有企业安全文化建设的基础上，结合时代特征，摒弃过时的文化特征或内涵，吸收提炼新的文化内涵。

老企业安全文化的建设既有自己的优点，也存在着不足之处。老企业安全文化建设的可取之处是老企业虽然没有明确地提出安全文化的概念，但是无形中形成的文化积淀对形成自己特色的安全文化是十分重要的。但这里要注意坚持与时俱进和批判继承的方法，剔除不合理的安全文化成分，积极吸收能够反映企业当前安全生产实际的合理先进的文化成分。

③ 整合企业的安全文化建设方法。

整合煤矿企业的情况比较复杂，因为原有的煤矿企业各自有着自己的企业安全文化的特征，这给对整合企业文化建设带来困难。首先，要分析整合前各自煤矿企业安全文化建设的特征，分析哪些是可以继承的优良文化，哪些是可以摒弃的文化。具体在进行安全文化建设时，可以采取两种方式：一种方式是以整合前某一企业安全文化为主导，同时吸收其他整合前安全文化的优良成果；另一种方式是不以整合前某一方的安全文化为主导，而是在吸收各自安全文化传统的基础上重新构建安全文化。当然，采取什么方式的安全文化整合方式需要根据实际情况而定，但优秀的行之有效的安全文化成分仍然需要加以继承。

(3) 安全文化建设的基础和保障

① 广泛的宣传。

煤矿企业的职工素质总体水平相对较低，不可避免地对煤矿安全文化建设的重要性认识不足，甚至会有抵触的情绪。要进行安全文化的建设，首先要对安全文化有一个正确的认识，只有让煤矿企业的广大干部职工从思想上进行充分彻底的认识，才能真正积极地进行安全文化建设。因此，煤矿企业在进行安全文化建设时，必须加强安全文化建设的宣传力度，充分利用各种载体，抓好安全文化的教育灌输。应充分利用企业内部广播、电视、报纸、简报、板报以及文体活动等载体，大力宣传灌输安全文化；开展以安全说教，瓦斯和煤尘爆炸演示，安全演讲等为主要形式的警示教育活动；开展以班前班后会、安全规程措施学习、安全培训等为主要形式的教育活动；开展以“三违”人员学习班、井口送温暖为主要形式的安全帮教活动；着重宣传安全生产的法律法规知识，宣传安全生产知识，提高职工群众的安全生产意识和安全生产技能[51]。

② 领导层及全体员工的大力支持。

煤矿企业安全文化的建设离不开煤矿企业领导层的大力支持。由于煤矿安全文化的建设是一个系统工程。安全文化建设的诸多工作不是单凭自觉就能施行的，必须在矿领导的大力支持下，靠领导的身体力行、各项物质的支持和制度的约束来促进煤矿企业安全文化的建设。优秀的安全文化需要煤矿企业全体员工的积极参与、共同遵守和自觉贯彻。煤矿企业安全文化建设是一项系统工程，它包括安全宣传、教育、管理、法制、经济等方面的建设和组织措施，涉及千家万户和全体职工群众. 必须动员方方面面的力量，形成党政工团齐抓共管的格局，努力构建安全文化网络体系[51]。

③ 信息化系统的支持。

安全文化建设的工作任务繁重，涉及人员广、数据多、信息量大，无论是规划阶段、实施阶段还是完善改善阶段，都会产生海量的数据信息。而这些信息大多是可以共用的。如企业现有人员的文化层次情况、专业、特长，影响安全生产的危害因素等基础数据，在安全文化建设的整个阶段都是必须使用的。此外，前一阶段建设的成果所形成的数据信息对后续的工作也是非常关键的，如安全文化理念的培育就必须依据企业的状况是老企业、新建企业还是资源整合企业；企业是否已有自己的理念，与目前的发展状况是否相符；当前企业安全文化的建设水平或成效如何，努力的方向在哪里等；安全文化建设的规划情况如何；安全文化建设的分工情况如何，人员的努力程度如何等。

因此，需要建立安全文化的数据库系统，并且作为煤矿企业整体信息化系统的一个子模块来进行。这样做的好处是可以利用煤矿其他数据信息，如煤矿的地质条件、装备情况、人员情况等的信息来快速地促进安全文化的建设。

④ 安全文化建设成效的测评。

煤矿安全文化建设的最终目的是为了创造安全业绩，但安全文化的形成与改善距离实施还要经过一个过程。企业的管理者需要考虑国家政策、市场环境、员工素质、安全文化的水平进展等各种因素，根据具体情况实施，随着改善程度的增加，安全文化本身也会产生实施的推动作用。安全文化的作用过程如图 3-2 所示[52]。

图 3-2　安全文化的作用过程

因此，必须对煤矿安全文化建设的成效做出测评，以便及时地掌握建设现状，对卓有成效的加以继承发扬，不足部分加以改进。煤矿安全文化建设的成效必须定期地进行测评，其目的是为了巩固不同阶段安全文化建设的成果。安全文化建设成效具体的测定方法如今已有专家学者进行了研究，如基于平衡计分卡原理的安全文化绩效评价方法、煤矿安全文化建设及其业绩指标体系的评价方法[52,53]，以及对安全文化建设成效的定量测定方法等。今后，还要在安全文化建设成效的测定方法方面进行具体的研究，以便根据煤矿自身的实际确定简便可行的安全文化建设成效的测定方法。

3.1.4　安全文化建设的理论创新

随着时代的发展及对煤矿安全文化研究和实践的深入，传统煤矿安全文化的建设理念可能会逐渐地失去其合理性，导致安全文化建设的效率低下，为此必须探索和应用新的煤矿安全文化理论来指导煤矿安全文化的建设。如针对当前煤矿企业事故多发的特点提出的互惠性的安全文化的建设理论，就是符合现阶段煤矿企业特点的安全文化建设方法。文献[54,55]分别从互惠性安全文化的含义、运作机理、应用价值等诸多方面进行了深入的探讨，对指导煤矿企业安全文化的建设具有举足轻重的意义。

3.2　煤矿安全质量标准化

3.2.1　安全质量标准的重要性

煤矿安全质量标准化是将“安全质量标准”作为高度统一体，纳入煤矿生产管理的全过程，以此衡量煤矿企业与所属单位、各级管理与生产人员的工作过程与工作结果的优劣程度，并用该标准逐项进行评判，从而确定其安全质量等级，以保证煤矿高速稳定的发展。标准是衡量事物的准则与尺度，如果规定了统一的准则与尺度，就是标准化。煤矿安全质量标准是用量化了的指标，即标准化的内容，衡量产品或工作的优劣程度可能导致人身安危与财产损失的准则与尺度，它以定量指标为主，定性指标为辅[56]。

3.2.2 安全质量标准的制定原则

(1) 符合企业实际的原则

煤矿安全质量标准的制定最根本的目的是为了推行煤矿的安全质量标准化,实现精细化管理,从而实现煤矿的安全生产。因此,煤矿企业在制定安全质量标准时除了在框架上遵循《煤矿安全质量标准化标准及考核评级办法》、《煤矿安全规程》等基本内容外,更多的是要符合企业的实际。因为国家规定的标准只是考虑了全国的普遍状况,是阶段性的、具有宏观指导意义的标准,而不是终极的、完全符合各地各单位实际情况的实施细则[38]。

(2) 符合法律法规的原则

煤矿行业特殊的危险性、资源开采时对生态的破坏性,决定了煤矿安全质量标准的制定首先应是以国家的法律法规以及相应的技术规范为根本的依据。如制定标准时可以考虑的法规标准有:安全生产法、煤矿安全规程、环境保护法、质量技术监督等。

(3) 借鉴与创新的原则

煤矿企业在制定安全质量标准时要遵循借鉴与创新的原则。因为每个煤矿企业在长期的生产实践中都会摸索和积累一些好的工作经验和方法,这些经验和方法对确保煤矿的安全生产有着至关重要的作用。这些好的工作经验和方法如果对本矿的实际安全生产是符合的、适用的,在制定安全质量标准时完全可以借鉴。煤矿企业在制定安全质量标准时也要时刻具有创新的思想。因为,煤矿的实际生产条件、实际的生产过程是复杂多变的,某些安全质量标准在某一煤矿是适用的,但到另一煤矿或另一地区则可能完全不合适,因此必须坚持创新的原则。

(4) 方法合理、适时修改的原则

煤矿安全质量标准制定的方法是多样的,但最根本的是所采用的方法必须要合理,如可以采用借鉴法、继承创新法、工作研究法以及仿真模拟法等。随着科学技术的发展及煤矿安全装备及设施的改善以及管理水平的提高,安全质量标准化标准也应该不断地进行修改和提高,使安全质量标准化的标准具有一定的前瞻性、先进性,真正对促进煤矿的安全生产具有实际的指导作用。如地质条件恶化时制定的相关标准就要随着变化,只有这样才能满足安全生产的需要。

3.2.3　安全质量标准的制定程序

煤矿安全质量标准涉及的内容多而繁琐,因此要想制定出合理的、符合企业管理需要的标准就必须遵循一定的程序和步骤。煤矿安全质量标准的制定步骤一般为:组建标准项目组、识别对象范围、对既有工作的分析、标准的制定、标准的评判、标准的颁布实施等几个环节,如图 3-3 所示。下面分别地对各个环节加以叙述。

(1) 组建项目组

标准的编制是一项需要技术、经验、财力的支持并需要大量基础性工作的系统工程。因此,首先应该成立煤矿安全质量标准化标准编制的项目组。项目组的成员除了矿上的领导外,还要包括各个工作岗位的工程技术人员、管理人员等各类涉及对象,但针对不同的标准制定对象可以适当地增减各类不同的人员。

(2) 识别对象范围

识别对象范围就是要识别某一工作岗位或地点所要编制的

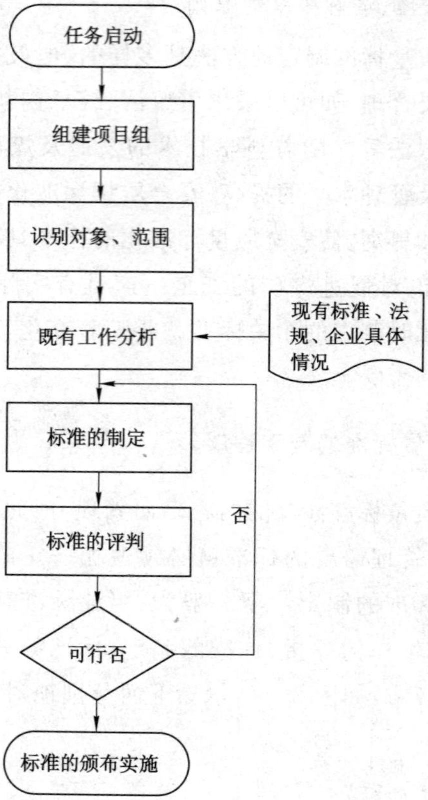

图 3-3　标准制定流程图

安全质量标准，如是在回采工作面还是在掘进工作面，是在井上还是井下，是工艺流程标准还是操作行为标准等，这是准确制定标准的前提和基础。

(3) 既有工作分析

既有工作分析就是掌握煤矿某一目标标准目前是否有标准，

如有标准是国家标准、省市级标准，还是企业标准等；此外，还要了解此类标准制定时要受约束的国家法律法规、各类技术规范以及企业的具体地质条件等基本情况。只有掌握了现有标准的工作程度，才能为下一步选择合适的工作方法来制定标准提供依据和指导。

（4）标准的制定

本阶段是根据前面工作的成果采用合适的方法来具体地进行标准制定的阶段，是标准制定的关键阶段。根据煤炭企业需要制定的标准的不同及现有标准工作的程度可采用不同的方法。如可以采用借鉴法、继承创新法、工作研究法以及计算机仿真模拟的方法等。

（5）标准的评判

制定出的标准是否符合企业的实际，能否真正地为企业安全质量标准化工作提供基础是需要进行评判的。评判的方法可根据不同的标准采用不同的评判方法，可以有经验判断法、定性分析法、定量分析法或者是模糊综合评判法等方法。只有经过评判符合企业实际能够指导煤矿安全质量标准化建设的标准，才可以确定下来并及时地颁布实施；否则，要重新查找原因，改进不合理的部分。

3.2.4　煤矿安全质量标准的分类

煤矿安全质量标准化主要体现在：安全管理标准化、作业现场标准化、操作标准化和过程控制标准化[57]。因此，针对这些标准化的主要方面，结合当前煤矿安全质量标准化标准存在的一些问题，这里将煤矿安全质量标准中关键部分归纳为生产设施设备的安全标准、工艺流程标准、操作行为标准、作业环境标准、管理制度标准，便于标准制定方法的讨论和分析，如图 3-4 所示。这里需要说明的是，上述几个标准的制定过程中或多或少地都会涉及技术的因素，因此在制定相应标准时需要将技术因素综合地加以考虑。

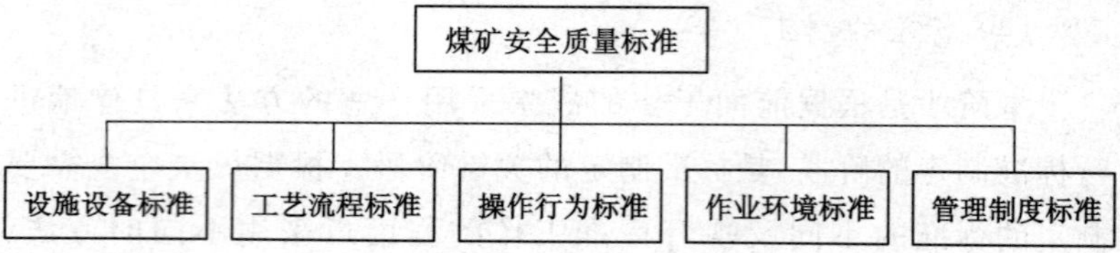

图 3-4　煤矿安全质量标准的分类

(1) 生产设施设备标准

该标准指的是为煤矿生产服务的生产设施或设备在符合国家、行业标准的基础上还必须符合煤矿生产的实际需要，具体标准的制定须根据该矿的生产技术条件、地质条件、生产规模等情况，按照相应的规程和技术来制定。

(2) 工艺流程标准

该标准指的是完成每一道工序的标准的、通用合理的工艺流程。它规定了某一项任务完成的先后顺序，不能更改，当然也不可减少。

(3) 操作行为标准

该标准指完成某项工作的标准的操作方法，具体来说就是动作的正确与否的标准。

(4) 作业环境标准

该标准指的是作业场所或工作场所有利于煤矿安全和高效

生产的环境的整治和优化。

(5) 管理制度标准

该标准指对煤矿的安全管理制定标准的管理程序和方法的标准。

3.2.5 安全质量标准的制定方法

针对不同类型的煤矿安全质量标准,采取科学的标准制定方法,不仅能够保证标准应用的针对性而且能够节省大量的人力、物力,收到事半功倍的效果。

(1) 借鉴法

借鉴法指的是在标准制定时,对国家、省市及其他企业的同类工作或操作搞清楚有无标准,如果有现成的标准并且经过仔细分析研究后确实符合本单位的实际情况,则不需要再重新加以制定,可以采用现有的标准。这种方法一般适用安全质量标准化标准中比较通用的标准,对同类企业基本上可以通用。如矿井通风系统中对通风系统的规定"矿井必须有完整的独立通风系统,改变盘区以上通风系统时必须编制通风设计和安全措施,并履行报批手续;掘进巷道贯通时,必须按《煤矿安全规程》规定,制定安全措施。"该标准就是一个通用的标准,企业在使用时可以完全遵照执行。

(2) 继承创新法

该方法指的是对目前已有该类标准(国家、省市或其他企业的标准)但是不完全符合企业的实际的,可以采取继承创新的方法。该方法的核心是首先要辨别出哪些部分是符合企业实际的,哪些部分是不符合企业实际的。然后考虑当前企业的实际情况来决定对不符合企业实际的部分进行修改。使用该方法时，要注意修改的部分与可以使用部分的内容要进行融合。如对高瓦斯矿井的管理标准，除了要遵守国家制定的相关标准外，还要研究适合本矿实际的甚至严于国家的安全管理制度标准。

(3) 工作研究法

所谓的工作研究法指的就是采用工业工程中工作研究的方法来制定煤矿的安全质量标准。煤矿安全质量标准中的设备设施标准的制定、工艺流程的标准、操作行为标准的制定、作业环境标准的制定都可以采用 IE 的相关方法来进行。

如煤矿中工艺流程标准的制定就可以采用 IE 中工艺流程分析的方法来制定。具体的方法是先选择需要制定工艺流程的对象，然后现场观测，对实际的工艺流程采用 IE 特有的符号绘制现有的工艺流程图，然后结合该矿的实际工程地质条件、采用的技术水平、煤矿安全规程的相关规定等采用“5W1H”设问技巧和“ECRS”的改进方法对原有的工艺流程不够安全、效率不高的部分进行优化、改进，这样经优化后的工艺流程可作为本矿标准的工艺流程。但需要特别说明的是对于某些工艺流程标准的制定为了确保安全的目的，需要对原有工艺增加某些检验和有利于安全操作的工序，这在煤矿高危作业的环境中是非常必要的。

如图 3-5 所示是炮采工作面打眼改进前后工艺流程图。改进前的工艺流程图和改进后的工艺流程图相比较少了“电缆、开关及各种保护检查”、“标出眼位”两个基本的工序内容。经分析，开始打眼前“电缆、开关及各种保护检查”是确保煤矿安全的重要保障，不可缺少，而“标出眼位”是为了确保打眼工作的准确性，提高工作效率，也是非常必要的。因此，经过改进后可将图 3-5 中(b)所示的工艺流程作为标准来贯彻执行。

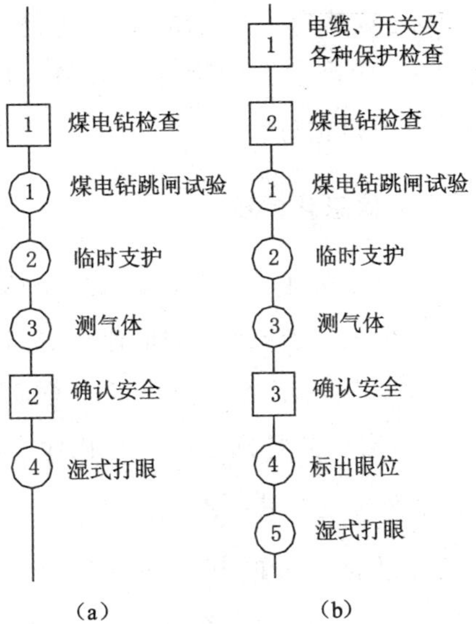

图 3-5　改进前后打眼工艺流程

(a) 原有的打眼工艺流程；(b) 改进后的工艺流程

(4) 仿真模拟法

采用计算机仿真模拟的方法，主要对于一些事先无法到达的工作地点的工作环境或者是有害的因素的防控等构建合适的计算机模型来预测可能产生的后果，然后变换不同的环境或工作参数来观察发生的变化，据此来制定相应的标准，可以将危险有害因素或环境造成的危害降到最低的限度。如进行深部开采时，地热导致的温度过高对作业环境的影响是非常大的。这时采用什么样的作业环境标准，采矿作业人员采用什么样的作业方法最有利，在开拓回采前凭空是很难预知的。这时，就可以采用计算机模拟的方法进行，通过构建模型进行仿真，获取所需要的关键参数，制定出相应的标准，然后在实际的生产过程中再加以验证。采用此类方法时，仅仅凭借矿方的力量是有较大困难的，这时可以联合大专院校或科研机构进行。

3.2.6 安全质量标准信息化建设

煤矿企业是一个复杂的生产系统，煤矿安全质量标准涉及的范围广、内容多、信息量大，无论是标准的制定、修改还是使用，采用传统的人工管理模式显然不能适应煤矿安全质量标准化工作的需要，因此必须进行安全质量标准的信息化建设。

(1) 制定安全质量标准的统一数据结构

煤矿安全质量标准化标准的制定和及时的修改要达到以最小的工作量获得较大的成效，则必须依靠计算机，实现标准制定的信息化。为了将来信息化的需要，标准的制定必须采用统一的数据结构，以便将来计算机信息化的实现。有关煤矿安全质量标准的数据结构的组成及格式如表 3-1 所示。安全质量标准的数据结构包括标准的名称、编号、类别、内容、约束以及制定的时间等诸项内容。

(2) 构建适用的数据库系统

煤矿安全质量标准要实现信息化则必须要根据企业的实际情况构建适用的数据库系统，具体采用何种数据库软件进行系统的开发则根据需要而定。只有具备了适用的数据库系统，才能实现对标准的制定以及修改适用的方便、快捷和高效。

表 3-1　　安全质量标准的数据结构

内容	描述
标准名称	用于描述某项安全质量标准的名称
标准编号	统一标号，便于计算机的检索处理
标准类别	规定标准的类别，便于使用时查询
标准内容	某项标准的核心内容，规定了某项任务或状态需要达到的要求
标准约束	标准制定时所依据的法规及企业实际等的限制性条件
制定时间	标准的制定或修改时间

（3）及时进行维护

一旦煤矿安全质量标准的建设实现了信息化管理，则对标准的修订和维护会节省较多的人力和物力，实现标准的动态更新。这时，要建立标准维护和修订的切实可行的管理方法和制度，指定专人负责对标准数据库进行维护，确保煤矿安全质量标准化的顺利实施。

第 4 章

煤矿安全资源及安全成本控制

4.1 煤矿安全资源

安全资源的配置是安全管理中的一个重要环节，合理有效率的安全资源配置不仅能够确保安全目标的实现而且能够节省安全资金的投入和运营成本。

4.1.1 煤矿安全资源概述

资源是在一定历史条件下被人类开发用以提高自身福利水平或生存能力的、具有某种稀缺性、受社会环境约束的各种环境要素或事物的总称。简单地说，资源是指人类生存发展和享受所需要的一切物质和非物质的要素。资源的两个基本属性是具有使用价值和稀缺性。结合煤矿安全的需要对安全资源做如下概括。

(1) 煤矿安全资源的分类

目前对煤矿的安全资源尚无十分明确的定义，但根据资源的一般性定义可以给出安全资源的定义为：是为了满足煤矿安全生产所需要的物质和非物质要素的总称。具体到煤矿安全资源的分类，童磊将煤矿投入的安全资源分为五大类即：财务资源、人力资源、技术资源和管理资源。每类资源下面又可以细分，如实物资源分为安全设备设施、各类安全用品装置和各类劳动保护用品[58]。

为了研究的方便，这里在童磊分类的基础上将煤矿的安全资源分为两大类，即资金型安全资源和非资金型安全资源。资金型安全资源是可以直接以投入的资金衡量的资源，可以是直接使用的资金也可以是由投资购买的安全设施设备，这里面不包含既是生产又是安全的设备和设施，如煤矿的液压支架等；非资金型安全资源是指无法直接用投入的资金衡量的安全资源，如煤矿在安全管理方面的安全规章制度、安全管理活动、所拥有的安全技术等。资金型安全资源直接由安全的投资决定，又可以称为资金驱动型安全资源，而非资金型安全资源则主要由管理的要素驱动，所以又可称为管理驱动型安全资源。

(2) 煤矿安全资源的特性

从上述煤矿安全资源的分类可以知道，煤矿的安全资源实际上是比较复杂的，既包括物质实体的资源也包括非物质实体的资源，既有可以量化的资源也有难以量化的资源。具体的特点如下：

① 直接投入的资金或资金购买的设施或设备是直接可以量化的资源，在安全工作中的价值比较容易界定；

② 不能直接以资金衡量的资源如规章制度、安全管理活动等是不能直接量化的资源，在安全工作中的价值不容易直接界定，这类资源的价值很难单独用经济手段加以衡量；

③ 实际的煤矿安全生产过程中某些设备设施既是生产设备也是安全设备，严格的进行划分是较为困难的；

④ 在实际的安全工作过程中各类资源之间相互作用相互影响，它们之间的关系呈现复杂的非线性关系。

4.1.2　煤矿安全资源的配置作用

煤矿安全资源的配置作用体现在如下几个方面。

(1) 确保安全生产

煤矿安全资源的配置对煤矿的安全生产具有举足轻重的作用。众所周知,中国的煤炭行业是一个高危行业,煤炭开采的历史也是不断地与危险有害因素做斗争的历史。煤矿生产效率的提高离不开煤矿安全的实现,而煤矿安全的实现自然离不开安全资源。但是单单满足了具有安全资源的条件,而不对其进行合理的优化配置,想要实现安全生产的目标也是不现实的。煤矿安全的实现是一个复杂的因素,涉及多种安全资源的参与和相互作用。因此,在实际的生产过程中,只有将安全资源进行合理的配置,使得每种资源都能处于最合适的位置,才能发挥其最大的效能,从而从整体上确保安全生产目标的实现。

(2) 提高安全管理的效率

安全目标的实现离不开安全管理的手段,安全管理实质上是对涉及安全的各项因素进行系统的管理,对煤矿生产过程中存在的危险有害因素进行预先的识别防控,以及发生事故后的分析和总结等过程。在安全管理过程中如果安全资源的配置处于良好的状态,那么安全管理的效率自然就会提高,就能以较小的管理投入获得较大的安全产出,或是在管理投入一定的情况下更能够快速准确地识别煤矿的危险有害因素,并能敏捷地做出应对措施。

(3) 降低安全生产的成本

影响煤矿安全生产的因素众多,既有客观的因素也有主观的因素，这在一定程度上决定了做好煤矿安全工作需要巨大的资金投入，势必会影响煤矿的经济效益。我国煤矿出于经济利益等多方面的考虑，对安全方面投入总体上是处于不足的状况。因此，在现实的条件下通过对煤矿的危险有害因素进行系统的识别和判断，确定安全状况的轻重缓急，然后通过合理的安全资源配置便能以较少的安全投入获得预定的安全目标，也就降低了安全生产的成本。

4.1.3 安全资源的配置思路

(1) 安全资源配置的流程

① 煤矿安全资源配置的一般原则。

煤矿安全资源配置的目的是以合理适度的安全资源投入获得较大的安全保障，从而确保煤矿的安全生产。因此安全资源配置应遵循如下原则：

第一，应充分了解危害煤矿安全生产的重大因素，包括客观因素和一些主观因素；

第二，煤矿安全资源的配置应充分考虑时间和空间的关系，因为安全是动态的而不是一成不变的，同时不同的区域对同样的危害因素也会产生不同的安全效应；

第三，煤矿安全资源的配置应尽可能地充分考虑一些非可以直接量化资源对安全效果的影响；

第四，煤矿安全资源配置应考虑安全目标的获得与煤矿经济效益之间的关系。

② 煤矿安全资源配置的程序。

煤矿安全资源配置的一般程序应是在充分分析煤矿现有的

危害安全生产的因素以及潜在的危害因素的基础上开展的。其配置的程序一般为确定安全目标、确定各安全部位的重要程度、建立合适的煤矿安全资源配置的模型或方法、数据的收集以及模型的运算和修正等。虽然从安全资源配置的一般程序上看并不复杂,但是整个配置过程的每一步的完成均是比较复杂的。如数据的收集过程,就包括安全目标方面的数据(具体的可以量化的数据、不能具体的可以量化的数据)、安全部位重要程度数据等方面的内容。其中安全部位重要程度的获得就要考虑煤矿的安全现状及潜在危险因素分析、安全资源现状分析,同时还要结合相应的安全目标来确定。

(2) 安全资源配置的目标

煤矿安全目标的确定既是实现安全生产的起点也是实现其他一切安全工作奋斗的终极方向。在确定煤矿的安全目标时需要考虑的因素包括客观因素、主观因素以及二者结合确定的煤矿安全目标。

① 影响安全目标的客观因素。

煤矿企业的作业环境受到自然条件的限制,而我国煤矿区的地质条件多数不乐观,因此我国煤矿安全事故多发也是由客观因素决定的。煤矿生产过程中会受到瓦斯、水、煤尘、冲击地压、地热等方面的危害,这些因素往往与地质条件密切相关,很难根除,只能从保障安全开采的角度尽量地加以避免。所以在确定安全目标时应合理,绝不能不切实际地追求所谓的绝对的安全,这实际是不可能实现的。

② 影响安全目标确定的主观因素。

安全目标的确定除了客观方面的因素外,还有主观方面的因素。如随着科技进步人们对安全的追求越来越高,因此,在确定目标时人们就会从社会影响等各方面提出一些限制性的目标,而这一目标的决定是主观的。同时不同的人员由于价值观念的不同反映在安全目标的确定上会有不同的体现,如煤炭管理部门虽然也关注安全但更关注煤炭的产量或利润,而政府安全监管部门则更关注安全。同时在企业内部,不同的决策人员对这一主观目标的确定也是不同的。

③ 安全目标的确定。

通常情况下,安全目标的确定是综合考虑了客观影响因素和主观影响因素之后确定的。在实际的运作中,往往是根据煤矿自身的条件确定安全工作应该防范的重点,然后结合煤矿的政府管制部门以及集团公司的目标来确定安全的目标。安全目标的确定过程实际上是对煤矿的实际安全状况、潜在的危险因素及社会对安全需求的具体化、明晰化的过程,所以安全目标的确定是非常关键的。

(3) 煤矿安全部位安全重要度的确定

煤矿生产中影响安全的因素多,所以凡涉及的危险因素均需要加以考虑,但是不同的部位安全资源的配置程度是不一样的,这也就要求了不同的部位安全重要程度是不同的。安全重要程度大实际上也就意味着事故的发生率高,且事故的危害程度大。如果将一个煤矿的生产活动的过程视为一个安全系统,则各个部位或环节容易发生事故的概率以及事故的损失是不一样的。容易发生事故的地方,安全的权重大,那么在安全资源进行分配时需要优先加以考虑。

① 基于安全重要度的安全重要性权重确定方法。

虽然煤矿生产的各个环节如采、掘、运等主要环节以及通风、排水等辅助环节均存在危险因素，但是由于具体条件的不同，各个不同环节的安全重要度是有差别的。因此，在考虑整个煤矿生产系统的安全资源分配时，必须确定各个部位的权重，以便对安全资源进行合理的分配。安全重要程度高的部位，自然给予煤矿安全资源分配的数量也就越多。韩中等提出的安全重要度的概念认为，系统或要素的安全重要程度的高低与系统或要素的事故损失与其事故率共同作用的结果——安全重要度，能够综合衡量系统或组成系统要素的当前安全状态。整个系统安全性分析的过程就是求解系统或系统要素安全级别的过程，即识别系统可能发生的所有事故、确定事故发生的可能性和安全可能带来的事故损失[7]，将安全重要度高的系统或要素作为资源配置的重点。

② 基于安全可靠性的安全重要性权重确定方法。

煤矿安全系统或要素另外的一种安全重要性的确定方法是从其可靠性的角度去衡量。容易发生安全事故的往往是系统或要素的薄弱环节和脆弱点，通过评估该系统或要素的可靠性，识别可靠性低的环节便能判断何处是安全防范的重点，即安全重要性的大小。该方法主要是在设施设备的重要性评估时较为适用，具体的内容就是针对可靠性较低的环节（尤其是针对于设备）来作为重点关注的环节。

4.1.4　安全资源配置的保障措施

(1) 静态资源的配置方法

静态的资源配置方法，适用于规划阶段的全局的资源配置。

该种资源配置的方法一般是对应于安全资源的预先规划和分配阶段。这种资源配置的优化方法可以采用规划论的方法来解决，如最常用的是线性规划的方法。韩中等对于复杂流程系统采用了动态规划的方法来进行安全资源的配置[59]。静态资源配置方法的局限性在于没有考虑安全生产的状态是随着时间和空间动态地变化的。同时，静态的安全资源配置的方法主要是基于确定的安全资源，这类资源也主要是资金型资源，而对于非资金型安全资源的配置便无能为力。

(2) *动态资源的配置方法*

煤矿的安全系统是一个复杂系统，各个要素之间的作用机理并不清晰，因此对安全资源分配时，需要采用非线性的方法来处理。这就需要用到动态的优化配置方法，以及难以形成确定的数学模型的一些方法以及仿真模型等。当前已有的研究中采用系统动力学对投入进行优化已有相关的研究。在采用动态的资源配置方法时，应考虑采用当前研究复杂系统的一些相关的理论方法。首先是将所研究的系统进行详细的分析研究，然后确定关键要素，建立相应的模型，并确立相应的评价指标体系，选用合适的优化配置方法进行运算或模拟。虽然动态的资源配置方法考虑了时间、空间以及非资金资源的影响，但也不能非常复杂，只能考虑关键的影响因素，否则便无法求解。

4.2 煤矿安全成本控制

4.2.1 煤矿安全成本及煤矿安全保障度

煤矿的安全生产必须要有一定的安全投入作为保障，这种投入最终将转化为煤矿的安全成本。在煤矿的生产实践中，安全保障度过低，事故频发，损失大，是要避免的，但也不是不计效益地越高越好，客观上要求实现一个合理的安全保障度[44]。在以经济效益为中心的经济运行环境下，煤矿企业不得不考虑在可接受的安全水平下，要尽可能地对安全投入的成本加以控制。而如何既能在考虑了煤矿可接受的安全保障度的情况下又能对其安全成本加以有效的控制是值得研究的事情。借鉴项目管理中对项目进度和成本进行挣值法分析的原理和方法，这里重新赋予了挣值法的基本要素和评价指标体系的相关内容，以期通过这一新构建的指标体系来探讨在可接受的安全保障度下对煤矿的安全成本加以有效的控制[60]。

4.2.2　煤矿安全挣值法指标体系的构建

（1）安全挣值法的构建原理

项目管理中挣值分析法是一种将项目涉及的范围、时间和成本三个关键要素集中到一块统筹考虑对项目进度和成本进行控制，降低项目风险的管理方法[31,61-64]。该方法采用一个中间变量挣得值来联系项目的预算成本、已完成工作的实际成本和工程的进度，并通过四个指标来衡量实际的工程进度、成本与预定计划偏差的具体情况，从而做出相应的控制对策。

借鉴项目管理中挣得值分析法对进度和成本进行控制的管理方法，设想构建能进行安全成本控制的安全挣值法。该方法通过重新定义挣值法中的基本要素，采用一些简单的公式及简明的评价指标体系，通过挣得安全成本值这个中间变量的联系作用来研究在煤矿可接受的安全水平下，如何能够动态地对安全投入的成本进行控制和评价，并制定未来的安全投入对策，是构建安全挣值法及其指标体系的初衷。

(2) 安全挣值法的基本要素

安全挣值法所涉及的几个基本要素分别介绍如下：

① 安全投入。

安全投入也称安全投资，是指企业在安全活动中投入的一切人力、物力和财力的总和，是指企业为保证生产正常运行，改善作业环境以及为处理工伤事故、职业病等在安全工作上的活劳动和物化劳动消耗的总和，包括投入到工程、设备设施等方面的安全资产和发生的安全管理费用[65]。

② 煤矿安全成本。

煤矿安全成本是指为了保证或提高煤矿生产的安全水平，改善安全作业条件，减灾救灾等，所支出的一切费用。概括来说煤矿安全成本包括安全资产费用、安全管理费用和安全损失费用[65]。即它是指在安全目标上花费的费用；不仅是生产过程中发生的有关安全费用，也是煤矿全部经营过程中发生的安全费用；不仅包括为达到既定安全目标而支出的费用，还包括因未达到安全目标而发生的各种损失[66]。

③ 煤矿安全保障度。

煤矿安全保障度是指煤矿生产经营没有危险、不受威胁、不出事故的程度，也称为安全保证度或者企业安全度。可将安全保障度表示为煤炭采出量与安全损失费用之比(单位：t/元)，其数值越大，表明系统就越安全[65]。

④ 计划安全保障度。

煤矿在计划生产周期内确定的合理的安全保障程度，它是根据下达给某煤矿的百万吨死亡率控制指标，以及煤矿的事故损失统计资料，综合考虑确定的一定周期内的计划安全保障度。它以计划周期内煤炭的产量与安全投入中预计分配给其的安全损失费用之比(单位:t/元)作为衡量标准。

⑤ 实际安全保障度。

煤矿在生产过程中实际获得的安全保障程度，它是在实际的生产过程中根据生产周期内某一时点的实际的煤炭产量与实际发生的安全损失费用的比值(单位:t/元)来表示。

⑥ 预算安全投入。

预算安全投入指的是某一特定周期内煤矿计划的安全投入，以吨煤的预算安全投入费用作为衡量的指标(单位:元/t)。

⑦ 实际安全投入。

实际安全投入指的是在煤矿生产过程中某一检查时点所统计的实际的安全投入，可以某一周期开始至检查时点实际发生的安全投入与实际已经产出的煤炭的比值作为衡量的指标(单位:元/t)。

(3) 安全挣值法的基本评价指标[60]

① 基本公式。

根据上述分析可以得到如下三个基本公式：

预定安全成本值 PV(Planed Value for Safety Cost)

=计划安全保障度×预算安全投入　　(4-1)

实际安全成本值 AV(Actual Value for Safety Cost)

=实际安全保障度×实际安全投入　　(4-2)

挣得安全成本值 EV(Earned Value for Safety Cost)

=实际安全保障度×预算安全投入　　(4-3)

② 评价指标。

成本偏差 CV(Cost Variance)

=挣得安全成本值-实际安全成本值 (4-4)

安全保障度偏差 SV(Safety Variance)

=挣得安全成本值-预定安全成本值 (4-5)

成本绩效指标 CPI(Cost Performed Index)

=挣得安全成本值÷实际安全成本值 (4-6)

计划绩效指标 SPI(Schedule Performed Index)

=挣得安全成本值÷预定安全成本值 (4-7)

4.2.3 煤矿安全保障度与安全投入控制

(1) 费用偏差指标

由费用偏差的公式(4-4)可知：

当 CV<0,表示在已经取得的实际安全保障度下,实际投入的安全成本超过了预算值,即超支。

当 CV>0,表示在已经取得的实际安全保障度下,实际投入的安全成本低于预算值,即有节余。

当 CV=0,表示在已经取得的实际安全保障度下,实际投入的安全成本等于于预算值。

(2) 安全保障度偏差指标

由安全保障偏差度的公式(4-5)可知：

SV>0,表示在预算安全投入的情况下实际安全保障度大于计划安全保障度；

SV<0,表示在预算安全投入的情况下实际安全保障度小于计划安全保障度；

SV＝0，表示在预算安全投入的情况下实际安全保障度等于计划安全保障度。

(3) 费用执行指标

由费用执行指标的公式(4-6)可知：

当 CPI＞1 时，表示低于预算，即在已经取得的实际安全保障度下实际安全投入低于预算的安全投入；

当 CPI＜1 时，表示超出预算，即在已经取得的实际安全保障度下实际安全投入高于预算的安全投入；

当 CPI＝1 时，表示在已经取得的实际安全保障度下实际安全投入与预算的安全投入吻合。

(4) 安全保障度执行指标

由安全保障度执行指标的公式(4-7)可知：

当 SPI＞1 时，表示保障度高，即在预定安全投入水平下实际安全保障度高于计划安全保障度；

当 SPI＜1 时，表示保障度低，即在预定安全投入水平下实际安全保障度低于计划安全保障度；

当 SPI＝1 时，表示在预定安全投入水平下实际安全保障度等于计划安全保障度。

(5) 应用要点

在应用安全挣值分析法时，要对上述的四类指标进行综合的考虑，不能仅仅依靠其中的某一个指标来判断，只有这样才能有效地保证安全成本控制所采取措施的针对性。

此外，就是运用该方法时要注意做好基础数据的统计工作，如分清安全资产费用、安全管理费用和安全损失费用如何进行归结等。只有做好了这些基础工作，才能有效地对安全成本进行管理和控制。

4.2.4 煤矿安全成本挣得值的应用分析

某大型煤矿有关年度安全的计划投入、计划安全保障度及实际生产过程中某一检查时点实际安全投入、实际安全保障度经统计分析数据处理后列入表 4-1 中，试分析该煤矿的安全保障度与安全投入的关系及今后的安全投入对策。

表 4-1 计算数据表

项目	单位	指标值
预算安全投入	元/t	30
计划安全保障度	t/元	0.3
实际安全投入	元/t	25
实际安全保障度	t/元	0.32

根据上述数据可以应用前述的公式对几个指标进行计算，计算结果分别如表 4-2 和表 4-3 所示。

表 4-2 基本指标计算值

项目	计算式	计算结果
预定安全成本值	计划安全保障度×预算安全投入	9
实际安全成本值	实际安全保障度×实际安全投入	8
挣得安全成本值	实际安全保障度×预算安全投入	9.6

表 4-3　　　　　各项评价指标计算结果

项目	计算结果值	评价基准值	指标所反映意义
费用偏差指标 CV	1.6	0	在已取得的安全保障度下，实际的安全投入低于预算值
安全保障度偏差 SV	0.6	0	在预算安全投入的情况下实际安全保障度大于计划安全保障度
费用执行指标 CPI	1.2	1	在已取得的实际安全保障度下实际安全投入低于预算安全投入
安全保障度执行指标 SPI	1.07	1	在预定安全投入水平下实际安全保障度高于计划安全保障度

由费用执行指标 CPI 为 1.2 可求出要达到计划的安全保障度，此后的安全投入为：

预计今后安全投入＝30/1.2＝25(元/t)。

由安全保障度执行指标 SPI 为 1.07 可知：

实际的安全保障度到检查时点为超出计划安全保障度的 7%。

根据表 4-3 及上述的分析可以得出：该矿的实际安全保障度是较高的，且安全投入的成本控制较好，应继续保持这种良好的势头，做好煤矿的安全生产和安全成本控制工作。

第 5 章

煤矿安全生产
“人—机—环境”协调性分析

煤矿生产系统是一个复杂多变的“人—机—环境”系统。系统中的“人”是井下所有的职工;“机”指包括采煤机、运输机械等在内的所有机械和设备;“环境”指矿井下特殊的环境,如:粉尘、瓦斯、潮湿、有限空间等。在煤矿的安全生产中,三者之间能否实现协调是决定煤矿是否安全的重要前提[57,67]。本部分在充分分析三者之间相互作用关系的基础上构建了模糊综合评价模型,来分析判断某一煤矿企业是否实现了“人—机—环境”的协调状态。

5.1　煤矿安全生产“人—机—环境”协调的重要性分析

在“人—机—环境”系统中,不仅人、机、环境对系统的安全有重要的影响,“人—机”、“人—环境”、“机—环境”之间的关系协调与否对系统的安全也起着不可忽视的作用。如在煤矿生产中,人能否熟练地操纵控制机器设备,机器设备是否符合人的生理、心理特性,即“人—机”关系是否协调;人能否适应环境,井下环境对人的生理、心理有何影响,对人的工作效率影响如何,即“人—环境”关系是否协调;机器设备能否适应井下环境,环境对机器设备的正常工作有何影响,即“机—环境”关系是否协调等都是至关重要的。如果这三个关系都基本协调,则整个系统的安全可靠性就很高,反之安全可靠性就低。因此,分析研究井下“人—机”、“人—环境”、“机—环境”之间的关系对提高煤矿生产的安全性具有重要的意义[68]。

5.1.1 “人—机”关系分析

机器是为人服务的，同时机器也是由人来操纵、调节、检查、运用的。人操作机器的过程，可用行为心理学提出的带有普遍意义的公式来表示，即信息输入、信息处理及行为输出三个过程，即通常认为的 S—O—R(Stimulus-Organism-Response)模型。

在 S—O—R 模型中，S 代表外在、内在的刺激(输入)；O 代表有机体(内部响应)；R 代表反应(或行为、动作)。

(1) 刺激因素

围绕机体的一切外界因素，都可以看成是环境刺激因素，同时也可以把刺激理解为信息，人们对接收的外界信息会自动处理，做出各种反应。刺激源的分类如图 5-1 所示。

(2) 机体响应

人的中枢神经系统，脑和脊髓，是接收外界刺激及做出相应反应的指挥中心。它既负责接收刺激，又负责对刺激进行判断后做出必要的相应反应，所以称为中枢神经系统。在此系统中，大脑处于中心地位，处于协调指挥地位。而一切都是自动进行的，属于自律行为。

就机体而言，中枢神经系统周围还存在负责接收刺激的传入神经系统和指挥反应的传出神经系统。有些反应并不需要经过中枢神经系统，在机体外围还存在周围神经系统，可将环境刺激经传入神经纤维直接传递传入神经系统，如图 5-2 所示。

机体的神经系统外观是看不到的，而机体接收环境刺激需要借助于感觉器官，健康的正常人感觉器官包括眼、耳、鼻、舌、皮

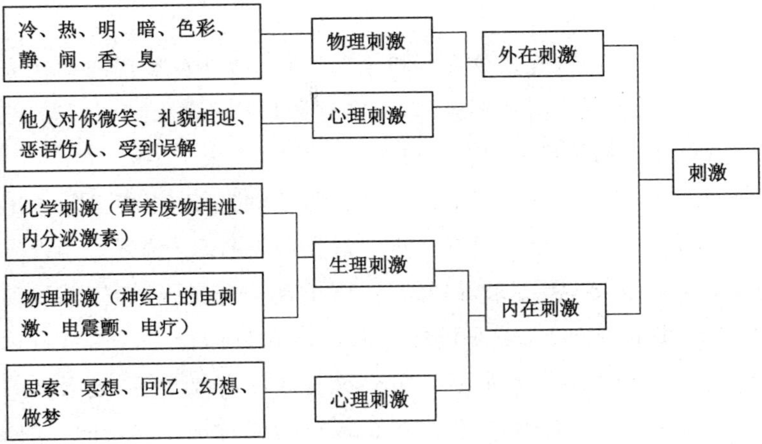

图 5-1　刺激分析示意图

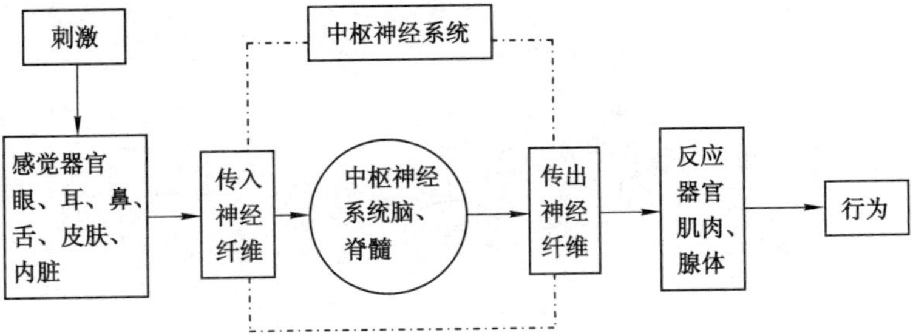

图 5-2　刺激和行为关系示意图

肤、内脏，直接同外界环境接触，成为接收外界刺激的桥梁。机体同时存在复杂的反应器官，由肌肉、腺体完成反应动作，做出明确的反应。

(3) 行为反应

行为既包括内在蕴含和动机情绪，也包括外在显现的动作表现。机体接收刺激必然要做出反应，这种反应不论属于内在的或者是外在的，都是行为的表现形式。

人们由于外界的刺激而产生某种需要和欲望，驱使人们做出某种行为去达到一定的目标。这一过程可用图 5-3 描述。当外界的刺激产生需要，需要未得到满足，就出现心理紧张，产生某种动机，在动机的支配下，采取目标导向行动和目标行动。倘若目标达到了，当前的需要就满足了，就会又有新的需要产生，进入新的循环；如果目标没有达到，就出现积极行动或对抗行动，并反馈回来，开始新的循环。故人的需要的满足是相对的、暂时的。

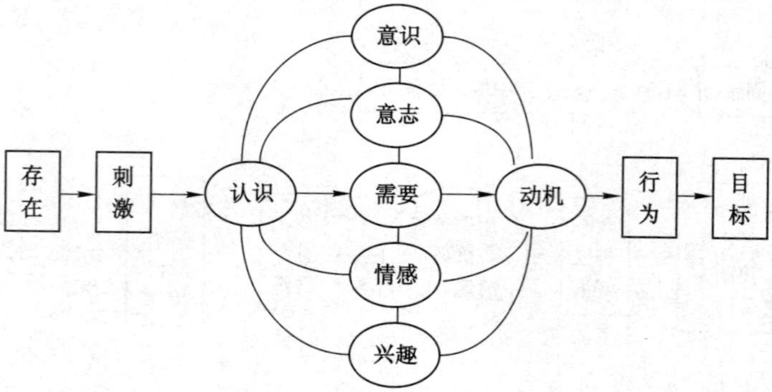

图 5-3　行为的基本模式

在人和机器发生关系和相互作用的过程中，最本质的联系是信息交换。人在人机系统中特定的操作活动上所起的作用，可以类比为是一种信息传递和处理过程。在“人—机—环境”系统中，把人视为一个单通道的有限输送容量的信息处理系统，如图 5-4 所示[69]。

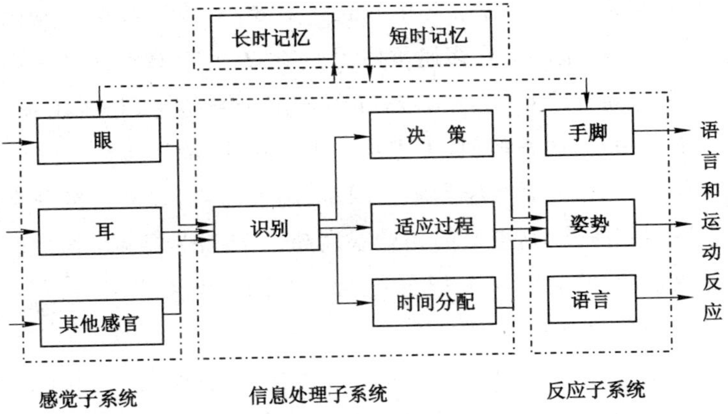

图 5-4　人的信息处理系统

5.1.2　“人—环境”关系分析

在“人—机—环境”系统中，人是系统的主体，是机的操纵者和控制者；环境则是人和机所处的场所，是人生存和工作的条件。

环境因素是多种多样的，人体又是高度复杂的系统，因此，环境对人的影响既有多样性，又有复杂性。但是不论如何多样和复杂，各种环境因素对人的影响有着共同性和特殊性。不同作用量的环境因素不仅对人体的作用层次不同，而且对人体产生影响的程度也不同。在“人—机—环境”系统工程中，通常将环境对人体的影响所能达到的程度用一定的限值来表示[69]。

(1) 温湿度环境

在高温环境中作业，不论是体力劳动或脑力劳动，工效都将不同程度的降低。随着采矿工业的发展、开采深度的增加、机械化水平的提高，井下主要工作空间的温度明显升高，超过《煤矿安全规程》规定的 26 ℃,加上井下的高湿度,形成了井下特殊的高湿热环境。矿工的工作多属重体力劳动,在井下高湿热环境中工作,人体保持热平衡比较困难,导致矿工全身倦怠、精神不振、注意力不集中、失误率增加,工作效率明显降低。

湿度过大,人就会感到呼吸困难;温度过小,口腔与皮肤会感到干燥。一般认为,空气的相对湿度超过 75%为高湿,小于 30%为低湿,适宜的湿度为 40%~60%。温度在 25 ℃以上时,高湿度对失误率影响更大。

如井下掘进工作面作业环境中的湿度一般均在 70%以上,采煤、掘进工作面则更高。在这种高温高湿的环境下,人很容易感到疲惫、精神不振、注意力下降,导致事故率上升。Vernon 在调查报告中对环境温度、湿度与差错率做出了统计,统计结果如图 5-5 所示[70]。

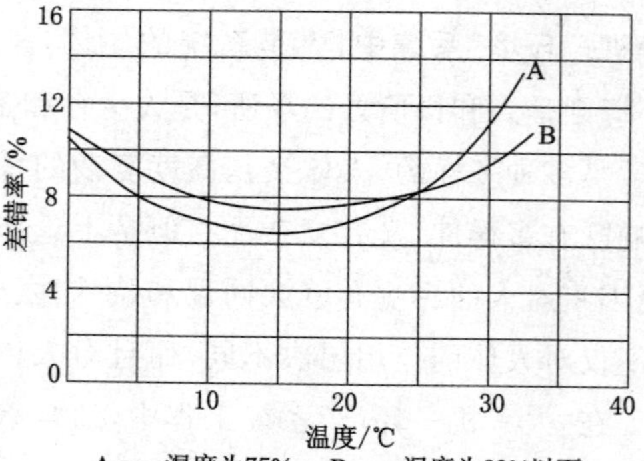

图 5-5　温湿度与差错率的关系

(2) 照明环境

不良的照明条件,不仅对人的生理有不利影响,而且还影响人的工作效率和安全。

照度对人的工作效率和视疲劳影响见图 5-6。事故发生次数与照明的关系见图 5-7。

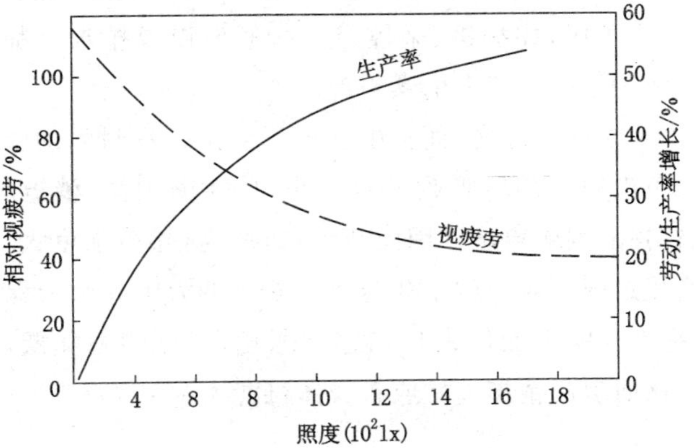

图 5-6　生产率、视觉疲劳与照度关系

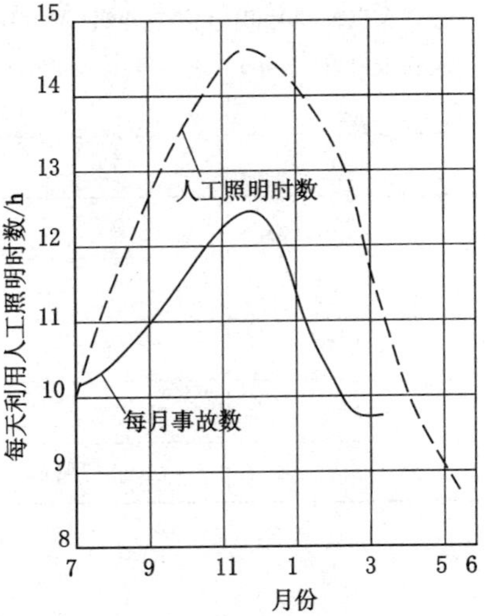

图 5-7　事故发生次数与照明的关系

（3）噪声环境

噪声是日常生活中不需要的声音，或者是对人体有害的声音。煤矿开采作为一个特殊行业，其生产工序繁多，战线也很长，几乎每一道工序，如掘进、采煤、运输、通风以及排水等都产生较大噪声，成为了一个庞大的噪声源。

井下不仅噪声源多，而且由于地下采矿是在封闭的受限空间井下，噪声被周围环境吸收系数较小，反射能力强，消退较慢，容易形成较强的混响声场。因此，噪声级增高，噪声强度大，声压级高，普遍超过国家规定的卫生标准。表 5-1 为国外听力保护的噪声允许标准。噪声能使人自我感觉恶化，工作能力降低，健康受到影响，从而引起精神失常或者身体机能失调。

表 5-1　　国外听力保护的噪声标准（A 声级）

每个工作日允许工作时间/h	允许噪声级（A）/dB 美国政府（1969 年）	允许噪声级（A）/dB ISO（1971 年）	允许噪声级（A）/dB 美国工业卫生医师协会（1977 年）
8	90	90	85
4	95	93	90
2	100	97	95
1	105	99	100
1/2	110	102	105
1/4	115	115（最高限）	110

（4）作业环境

井下作业空间比较狭小，尤其是在采掘工作面。人在低于身高的空间作业，所消耗的能量要比直立时多，而工作效率却低于直立时的工作效率。以步行为例，弯腰10%，多消耗能量12%；弯腰20%，多消耗能量51%，弯腰30%，多消耗能量91%。在狭小的空间中作业，不仅多消耗能量，而且行动不便，出现危险情况时不易躲闪，易发生事故。作业空间的坡度对人的工作效率也有明显的影响。在坡度越大的空间中作业，行走越不方便，消耗的能量也越多，容易出现疲劳和误操作。据苏联萨克斯矿区的研究结果，坡度每增加1%，劳动生产率降低0.39%[68]。

5.1.3 “机—环境”关系特征的研究

机对环境的影响主要是机在进行物质与物质、能量与能量以及物质与能量的转换期间对环境造成的影响。这种影响也主要以物质和能量，同时伴随一定的信息形式来表现。

例如，一台机器在工作过程中消耗及排放的各种物质，运行过程中吸收或产生的振动、噪声及电磁辐射等。机的使用及运行离不开环境，而环境是多种多样的，对机造成的影响也必将是多层次、多方面的。据1971年美国对机载电子设备全年的故障进行剖析，发现50%以上的故障是由各种环境影响所致。由此可知，为机器设计良好的工作环境是非常重要的[69]。

(1) 温度对机的影响

高温和低温对机的正常运转及可靠性都有影响。温度过高，将使机器设备的某些部件因不能耐受高温而失效，导致机器设备发生故障。温度过低，机器设备的某些部件因不能耐受低温而失效，造成机器设备的故障。

如在煤矿生产中，环境温度变化幅度不大，对一般机器设备的可靠性影响不大，但当某些部件发生故障而导致局部温度过高时，将会导致机器设备发生故障，甚至发生严重的伤亡事故。

（2）湿度对机的影响

湿度，主要是高湿环境，对机的工作可靠性有一定的影响。在高湿的环境中，机器设备易发生锈蚀，从而导致零部件间的配合出现问题，引发机器设备的故障。井下环境的湿度很大，有些地方可达到100％，所以井下机器设备的锈蚀就比较突出，如不经常使用的轨道、矿车、钢丝绳等。使用锈蚀严重的机器设备时，非常容易使机器设备出现故障，轻则影响正常生产，重则造成伤亡事故。

5.1.4 “人—机—环境”协调分析

煤矿的生产系统是一种典型的“人—机—环境”系统。矿工在人为开拓的作业空间内，操纵机械进行采煤活动，顶板、水、火、瓦斯、矿尘、噪声、冷热、潮湿等环境因素影响着矿工的安全和健康，同时也会影响机器设备的正常运行。人员的情绪、行为和设备运转状态、环境变化状态形成有机的整体。为了确保煤矿生产的安全、高效进行，必须对煤矿井下特殊的“人—机—环境”系统进行分析和优化，使系统满足“安全、高效、经济”等综合效能[71]。

“人—机—环境”系统不是孤立地研究人、机、环境这三个要素，而是从系统的总体高度，将它们看成是一个相互作用、相互依存的复杂系统。其研究的目的是为了得到系统的最佳效果——即“人—机—环境”系统具有较高的工效、较高的安全性、对人有较高的舒适度和很好的生命保障功能。总之，“安全、高效、经济”是任何一个“人—机—环境”系统都必须满足的综合效能准则。

5.2　模糊综合评价的基本原理

煤矿生产系统是一个由“人—机—环境”构成的、空间极为复杂、庞大的系统，整个过程中人、机、环境对煤矿的生产至关重要，因此需要掌握人、机、环境各因素对安全协调生产的影响程度。但人、机、环境各因素对安全协调性的影响大多又很难得出定量的数据，目前常用的方法是对煤矿的安全协调水平进行综合评判，综合评判的方法有：一般综合评判、总分法、加权总分法、灰色综合评判、模糊综合评判等[68,70]。本研究主要采用模糊综合评判法进行分析。

5.2.1　模糊综合评价原理及步骤

模糊综合评价是以模糊数学为基础，运用模糊关系合成原理，从多个指标对被评价事物隶属度等级状况进行综合评价的一种方法。模糊综合评价包括六个步骤[28]：

① 评价论域 U。U 代表综合评价中评价指标所组成的集合。

② 评语等级论域 V。V 代表综合评价中，评语所组成的集合。它实质是对被评价事物变化区间的一个划分。

③ 模糊关系矩阵 R。R 是单指标评价的结果，即单指标评价矩阵。模糊综合评价所综合的对象正是 R。

④ 评价指标权向量 W。W 代表评价指标在被评对象中的相对重要程度，它在综合评价中用来对 R 作加权处理。

⑤ 合成算子。合成算子指合成 W 与 R 所用的计算方法，也就是合成方法。

⑥ 评价结果向量 B。它是对每个被评价对象综合状况分等

级的程度描述。

5.2.2 指标权重的确定方法

层次分析法(Analytical Hierarchy Process, AHP)是将与决策有关的元素分解成目标、准则、方案等层次,在此基础之上进行定性和定量分析的决策方法。

(1) 标度的选取

目前,在安全评价中通常采用区分的标度有 A. L. Satty 的 1～9标度和指数标度,参见表 5-2[72]。

表 5-2　通常采用的标度

1～9 标度	指数标度
1	9^0(1)
3	$9^{(1/9)}$(1.2777)
5	$9^{(3/9)}$(2.080)
7	$9^{(6/9)}$(4.327)
9	$9^{(9/9)}$(9)

(2) 构造判断矩阵

判断矩阵是层次分析法的基本信息,也是进行相对比较计算的重要依据。构造两两比较判断矩阵时,评判者要反复比较指标,即 A_i 与 A_j 哪个指标对上层次因素影响更大,影响到什么程度,要采用一定的数值来说明,如表 5-3、表 5-4 所示[72]。

表 5-3　　重要度定义表

指数标度	重要程度
9^0(1)	两个因素相比较同等重要
$9^{(1/9)}$(1.2777)	两个因素相比较一个因素比另一个因素稍微重要
$9^{(3/9)}$(2.080)	两个因素相比较一个因素比另一个因素重要
$9^{(6/9)}$(4.327)	两个因素相比较一个因素比另一个因素很重要
$9^{(9/9)}$(9)	两个因素相比较一个因素比另一个因素极重要

表 5-4　　次重要度定义表

指数标度	重要程度
1/1.2777	两个因素相比较一个因素比另一个因素稍微次重要
1/2.080	两个因素相比较一个因素比另一个因素次重要
1/4.327	两个因素相比较一个因素比另一个因素很次重要
1/9	两个因素相比较一个因素比另一个因素极次重要

5.3　协调性分析的模糊综合评价模型

上述的模糊关系矩阵 R 作为一个从指标集 U 到评语集 V 的 Fuzzy(模糊)变换器，每输入一组指标的权向量 W，就可以得到一组相应的评价结果 B。这个关系可用图 5-8 来表示，即模糊综合评价的基本模型。

图 5-8　模糊综合评价模型

5.3.1 一级模糊综合评价模型

建立一级模型，一般可以归纳为以下五个步骤：

(1) 根据评价目的确定评价指标（Evaluation Indicator）论域 U

$$U=\{u_1,u_2,\cdots,u_m\}$$

(2) 确定相应的评语等级（Evaluation Grade）论域 V

$$V=\{v_1,v_2,\cdots,v_n\}$$

即等级集合，每一个等级可对应一个模糊子集。

一般情况下，评语等级数 n 取[3,7]中的整数，如果 n 过大，那么语言难以描述且不易判断等级归属；如果 n 过小，又不符合模糊综合评价的质量要求。n 取奇数情况较多，因为这样可以有一个中间等级，便于判断被评事物的等级归属。

(3) 进行单指标评价，建立模糊关系矩阵 R

在构造了等级模糊子集后，就要逐个对被评事物从每个因素 $u_i(i=1,2,\cdots,m)$ 上进行量化，也就是确定从单因素来看被评事物对各等级模糊子集的隶属度 $(R|u_i)$，进而得到模糊关系矩阵：

$$R=\begin{bmatrix} R \mid u_1 \\ R \mid u_2 \\ \cdots \\ R \mid u_m \end{bmatrix}=\begin{bmatrix} r_{11} & r_{12} & \cdots & r_{1n} \\ r_{21} & r_{22} & \cdots & r_{2n} \\ \cdots & \cdots & \cdots & \cdots \\ r_{m1} & r_{m2} & \cdots & r_{mn} \end{bmatrix}$$

矩阵 R 中第 i 行第 j 列元素 r_{ij} 表示某个被评事物因素 u_i 对 v_j 等级模糊子集的隶属度。

(4) 确定评价指标的模糊权向量 W

$W=(w_1,w_2,\cdots,w_m)$ 是 U 中每个指标对被评价对象的隶属关系，即 U 的权重子集，且满足 $\sum_{i=1}^{m} w_i = 1$ 。

确定评价指标的模糊权向量方法：

依照上述方法得到判断矩阵 A，需要进一步计算各指标的相对权值。理论上，各指标权值的精确值即矩阵 A 的特征值，但在一般情况下采取的权值为 A 的近似估计值。实践中通常采用计算较简单的求和法计算矩阵 A 的特征值的近似值。

① 确定专家判断矩阵 $A=[a_{ij}]_{n\times n}$。

② 对矩阵中元素进行按行乘积即 $\prod_{i=1}^{n} a_i$ 。

③ 对行向量作规一化处理 $\overline{W}_i = \sqrt[n]{\prod_{i=1}^{n} a_i}$ 。

④ 计算权值 $W_i = \overline{W}_i / \sum_{i=1}^{n} \overline{W}_i$。

得到相对权重向量 $W=[w_1, w_2 \cdots, w_n]^{\mathrm{T}}$。

⑤ 利用合适的权重向量将 W 与各被评事物的 R 合成得到各被评事物的模糊综合评价结果向量 B，可用公式表示为：

$$W \circ R = (w_1, w_2, \cdots, w_m) \circ \begin{bmatrix} r_{11} & r_{12} & \cdots & r_{1n} \\ r_{21} & r_{22} & \cdots & r_{2n} \\ \cdots & \cdots & \cdots & \cdots \\ r_{m1} & r_{m2} & \cdots & r_{mn} \end{bmatrix}$$

$$= (b_1, b_2, \cdots, b_n) \triangleq B$$

5.3.2　确定隶属度函数

模糊综合评判中隶属度函数的确定是另一个非常重要的环节。只有确定出合乎实际的隶属度函数才能得出实际可靠的评价结果。隶属度函数的确定法很多，其中包含有二相模糊统计法、多相模糊统计法、三分法与增量法、择优比较法、绝对比较法、集值统计迭代法、优先关系定序法、相对比较法和对比平均法等方法[73-76]，没有统一的模式，既可根据不同的物理意义选择不同的标准函数，也可根据不同学科的基本原理进行逻辑推理得到，关键是要恰如其分地反映模糊现象。即这些因素在一定程度上对地下环境质量影响很大；小于某种程度时对其影响不大，当随之增大时或者大于某种程度后其影响作用也不会随之无限加大。

本研究选取的评价指标有许多很难建立隶属度函数，而且即使建立函数有时也难以准确表示模糊特性。因此，采用在安全检查表法的基础上进行专家调查和层次分析相结合的办法来确定模糊的隶属度。

5.4 实例分析

本书以河南神火兴隆矿业有限责任公司（泉店煤矿）为对象进行分析研究。河南神火兴隆矿业有限责任公司位于许昌市灵井镇境内，东距许昌市 16 km，西距禹州市 21 km，省道 S237 公路在井田内穿过，往东与 107 国道和京珠高速公路相连，往西与郑尧高速相连，交通方便。井田东西走向长约 7.0 km，南北倾向宽约 1.8～3.0 km，面积约 16.6 km^2，可采储量 8 107 万 t。设计生产能力 120 万 t/年，服务年限 48.3 年。矿井生产的煤种为低中灰、特低硫、特低磷、特高热值、热稳定性好的优质瘦煤和焦煤，可作为优质动力用煤和炼焦配煤，也可用作水煤浆用煤。

5.4.1　建立因素集

第一层因素集为人、机、环境，用 $U=\{U_1, U_2, U_3\}$ 表示。第二层中，影响人的因素主要考虑职工安全教育状况 U_{11}、职工文化层次 U_{12}、职工的工作经验 U_{13}、年龄结构 U_{14}、技术水平 U_{15}；影响机即设备的因素主要考虑设备的安全管理状况 U_{21}、设备的可操作性和安全性 U_{22}、设备的故障率 U_{23}；影响环境的因素主要考虑矿区自然状况 U_{31}、噪声 U_{32}、采光与照明 U_{33}、温度和湿度 U_{34}、有害气体与粉尘治理 U_{35}。因素层次关系见表 5-5。

表 5-5　因素层次关系表

目标层	第一层	第二层
矿井人—机—环境安全性指标体系	人 U_1	职工安全教育状况 U_{11}
		职工文化层次 U_{12}
		职工的工作经验 U_{13}
		年龄结构 U_{14}
		技术水平 U_{15}
	机 U_2	设备的安全管理状况 U_{21}
		设备的可操作性和安全性 U_{22}
		设备的故障率 U_{23}
	环境 U_3	矿区自然状况 U_{31}
		噪声 U_{32}
		采光与照明 U_{33}
		温度和湿度 U_{34}
		有害气体与粉尘治理 U_{35}

5.4.2 确立相应的评语等级

在煤矿的安全生产中，考虑“人—机—环境”的关系，如果三者之间处于协调的状态，那么矿井处于安全的状态，否则处于不安全的状态，因此这里的协调与安全的含义可认为是等同的。

因此将煤矿井下“人—机—环境”协调性划分为 5 级：很协调、协调、较协调、不协调、极不协调，即：$V=\{$很协调、协调、较协调、不协调、极不协调$\}=\{V_1,V_2,V_3,V_4,V_5\}$。

5.4.3 确定权重

(1) 第一层因素评价指标权重确定

第一层因素评价指标权重采用专家评分法，主要依据表 5-3、表 5-4 得出专家评判表 5-6。

表 5-6　　专家评判表

重要度	U_1	U_2	U_3
U_1	1	2.080	4.327
U_2	1/2.080	1	1.277
U_3	1/4.327	1/1.277	1

① 专家评判矩阵：

$$A=\begin{bmatrix}1 & 2.080 & 4.327\\ 0.481 & 1 & 1.277\\ 0.231 & 0.783 & 1\end{bmatrix}$$

② 按行乘积得：

$$\prod_{i=1}^{3} a_i = \begin{bmatrix} 9.000 \\ 0.614 \\ 0.181 \end{bmatrix}$$

③ 归一化得：

$$\overline{W}_i = \sqrt[3]{\prod_{i=1}^{3} a_i} = \begin{bmatrix} 1.732 \\ 0.895 \\ 0.652 \end{bmatrix}$$

④ 计算权重：

$$W_i = \overline{W}_i / \sum_{i=1}^{3} \overline{W}_i = \begin{bmatrix} 0.528 \\ 0.273 \\ 0.199 \end{bmatrix}$$

(2) 第二层因素评价指标权重确定

① 人的因素：职工安全教育状况 U_{11}、职工文化层次 U_{12}、职工的工作经验 U_{13}、年龄结构 U_{14}、技术水平 U_{15}，各因素权重确定见表 5-7。

表 5-7　　人的因素权重表

重要度	U_{11}	U_{12}	U_{13}	U_{14}	U_{15}	W_i
U_{11}	1	1/2.080	1/2.080	1/1.277	1/4.327	0.070
U_{12}	2.080	1	2.080	2.080	1.277	0.289
U_{13}	2.080	1.277	1	2.080	1/2.080	0.200
U_{14}	1/1.277	1/2.080	1/2.080	1	1/4.327	0.070
U_{15}	4.327	1/1.277	2.080	4.327	1	0.369

② 影响机即设备的因素：设备的安全管理状况 U_{21}、设备的

可操作性和安全性U_{22}、设备的故障率U_{23}，各因素权重确定见表5-8。

表 5-8　　机的因素权重表

重要度	U_{21}	U_{22}	U_{23}	W_i
U_{21}	1	1/2.080	1/2.080	0.070
U_{22}	2.080	1	2.080	0.289
U_{23}	2.080	1.277	1	0.200

③ 影响环境的因素：矿区自然状况U_{31}、噪声U_{32}、采光与照明U_{33}、温度和湿度U_{34}、有害气体与粉尘治理U_{35}，各因素权重确定见表5-9。

表 5-9　　环境的因素权重表

重要度	U_{31}	U_{32}	U_{33}	U_{34}	U_{35}	W_i
U_{31}	1	4.327	2.080	2.080	1/2.080	0.266
U_{32}	1/4.327	1	1/1.277	1/1.277	1/4.327	0.065
U_{33}	1/2.080	1.277	1	1.277	1/2.080	0.120
U_{34}	1/2.080	1.277	1/1.277	1	1/4.327	0.089
U_{35}	2.080	4.327	2.080	4.327	1	0.460

5.4.4　隶属度的确定

本研究采用专家评判给分的方法（也称为专家调查法）来确定。它的做法是首先制作专家打分调查表，对每一具体评价对象的每项指标根据专家经验和看法进行认定，在打分表上对应等级（极不协调、不协调、较协调、协调、很协调）处打“√”，再通过多位专家调查表的汇总，得到各个因素对应于等级的频数，经过归一处理，即可得到各个因素对应于等级的隶属度（表 5-10），从而得到单因素评判矩阵。

表 5-10　　　　各个因素对应于等级的隶属度

因素	极不协调	不协调	较协调	协调	很协调
职工安全教育状况			√		
职工文化层次		√			
职工的工作经验			√		
年龄结构				√	
技术水平			√		
设备的安全管理状况			√		
设备的可操作性和安全性				√	
设备的故障率			√		
矿区自然状况				√	
噪声		√			
采光与照明		√			
温度和湿度	√				
有害气体与粉尘治理				√	

5.4.5　模糊综合评价的应用

（1）第二层次模糊评价

① 人的因素：

$A_1 = (0.070 \quad 0.289 \quad 0.200 \quad 0.070 \quad 0.369)$

$$R_1 = \begin{bmatrix} 0 & 0 & 1 & 0 & 0 \\ 0 & 1 & 0 & 0 & 0 \\ 0 & 0 & 1 & 0 & 0 \\ 0 & 0 & 0 & 1 & 0 \\ 0 & 0 & 1 & 0 & 0 \end{bmatrix}$$

则 $B_1 = A_1 \circ R_1 = (0 \quad 0.289 \quad 1.269 \quad 0.070 \quad 0)$

② 机的因素：

$A_2 = (0.070 \quad 0.289 \quad 0.200)$

$$R_2 = \begin{bmatrix} 0 & 0 & 1 & 0 & 0 \\ 0 & 0 & 0 & 1 & 0 \\ 0 & 0 & 1 & 0 & 0 \end{bmatrix}$$

则 $B_2 = A_2 \circ R_2 = (0 \quad 0 \quad 0.359 \quad 0.200 \quad 0)$

③ 环境的因素：

$A_3 = (0.266 \quad 0.065 \quad 0.120 \quad 0.089 \quad 0.460)$

$$R_3 = \begin{bmatrix} 0 & 0 & 0 & 1 & 0 \\ 0 & 1 & 0 & 0 & 0 \\ 0 & 1 & 0 & 0 & 0 \\ 1 & 0 & 0 & 0 & 0 \\ 0 & 0 & 0 & 1 & 0 \end{bmatrix}$$

则 $B_3 = A_3 \circ R_3 = (0.089 \quad 0.185 \quad 0 \quad 0.726 \quad 0)$

(2) 第一层次模糊评价

$A_1 = (0.528 \quad 0.273 \quad 0.199)$

$$R_1 = \begin{bmatrix} 0 & 0.289 & 1.269 & 0.070 & 0 \\ 0 & 0 & 0.359 & 0.2 & 0 \\ 0.089 & 0.185 & 0 & 0.726 & 0 \end{bmatrix}$$

则 $Q_1 = A_1 \circ R_1 = (0.018 \quad 0.19 \quad 0.768 \quad 0.47 \quad 0)$

根据最大隶属度原则，该煤矿系统安全性为“较协调”。

(3) 评价结果分析

由上述的分析过程及分析结果可知，河南神火兴隆矿业有限责任公司的“人—机—环境”之间的相互关系处于较协调的状态，安全生产状况总体上良好，但是也存在一些不足，需要进一步加强管理，对存在的安全隐患及时地进行整改。

第 6 章

煤矿安全
精细化管理的调控

对煤矿安全精细化管理模式的有效运行机制进行研究，目的是提高其效率，所以煤矿的安全精细化管理模式的运行机制具体可以落实到煤矿安全精细化管理的效率上来。

6.1　煤矿安全精细化管理效率概述

6.1.1　煤矿实施安全精细化管理的必要性

约束理论认为，任何系统都存在着一个或多个约束条件。约束理论是以整个系统为研究对象，通过对系统约束的识别和改进，提高系统整体效率的管理优化理论[77]。约束理论自己有一套解决问题的原则、对系统控制的工具、约束改进的方法及思维过程，分别在相关文献[30,77-82]中做了详细的介绍。

煤矿生产安全的特点是生产过程中危险有害因素多、危害大、战线长、时时有、处处在。煤炭生产过程中，特别是地下开采，煤炭生产人员和其他井下人员均在地面以下开凿的巷道、硐室或采煤工作面、掘进工作面中工作、穿行，井下人员会时刻受到地层压力、瓦斯、煤尘、水、火等自然灾害的威胁；生产过程作业条件复杂易变，生产作业场所狭小阴暗，加上生产过程环节多、专业多、工种多、配合多，还会发生机械电器、运输提升和爆破等其他事故。煤矿一旦发生事故就会造成人员伤亡或财产损失，不仅矿工生命安全和健康得不到保障，而且煤炭生产也受到影响[83]。

煤矿安全精细化管理模式是对涉及煤矿安全的各个因素都细化、量化,制定标准,落实到人,实行时时、处处、动态的考核和管理,这种管理模式对于煤矿这种复杂的生产系统的安全管理无疑是十分有效的。

6.1.2 煤矿安全管理效率的变化规律

通常认为管理效率是指管理活动本身所耗费的成本与所带来的收益的比例关系[51]。如果将煤矿的安全精细化管理系统看做一个生产系统,那么其产出便是煤矿的安全状态(效益或效果)。因此,可以认为煤矿安全精细化管理效率就是煤矿安全精细化管理活动投入各要素所耗费的成本与产生的安全效益(效果)的比例关系。这里所谓的安全效益(效果)指的是煤矿生产过程中某一研究周期内的实际安全状况。因此,衡量煤矿安全精细化管理的效率必须是以一定的研究周期作为基础的。

构成煤矿安全精细化管理的要素是多方面的,由于安全精细化管理的对象繁琐、内容多,所以管理的效率自然会受到各个管理要素的影响。因此,煤矿安全精细化管理的效率在具体的管理过程中是动态变化的。

为了说明煤矿安全精细化管理效率的变化过程,这里引入边际安全精细化管理效率的概念,所谓边际安全精细化管理效率就是每增加单位的安全精细化管理要素的投入(Q)所能引起的管理效率的变化。安全精细化管理效率(Management Efficiency, ME)和边际安全精细化管理效率(Marginal Management Efficiency, MME)之间的变化趋势及相互关系如图 6-1 和图 6-2 所示。

图 6-1 表示煤矿的安全精细化管理效率(ME)与某一安全管

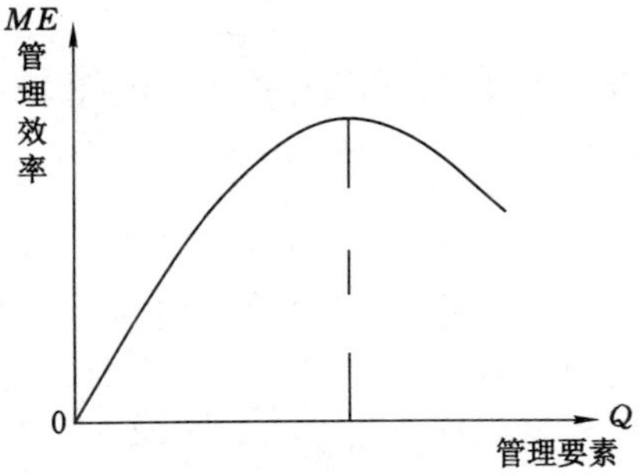

图 6-1　安全精细化管理效率示意图

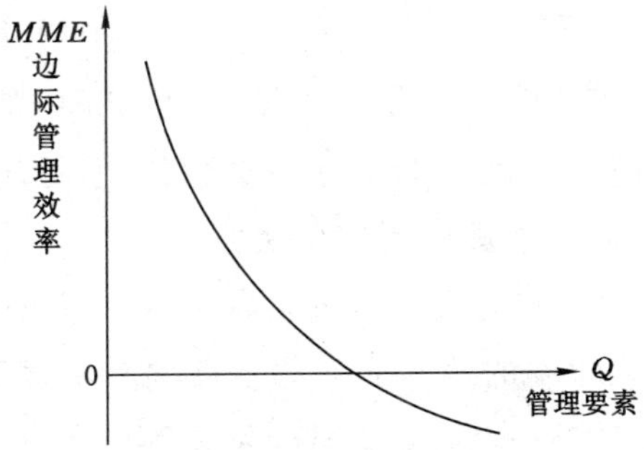

图 6-2　边际安全精细化管理效率示意图

理要素(Q)的投入之间的关系，它反映了安全精细化管理效率随着某一管理要素的投入的增长变化趋势，即有一个安全管理效率的最佳状态。

图 6-2 反映的是某一边际安全精细化管理效率(MME)的变化趋势，从图中可以看出边际安全精细化管理效率总是处于递减的趋势的，当边际安全管理效率为 0 时，安全精细化管理的效率处于最佳的状态，此后安全精细化管理的效率便处于下降的趋势。

6.2 提高煤矿安全精细化管理效率的基础和保障

前面已经探讨了如何识别管理系统中的约束因素并如何加以改进、协调和控制的内容，但为了提高安全精细化管理的效率，很有必要对提高其效率的基础和保障进行研究。

6.2.1 安全精细化管理效率衡量的指标体系

(1) 建立煤矿安全精细化管理效率评价指标体系的意义

煤矿安全精细化管理是为煤矿的安全服务的，煤矿安全效果或者安全状况如何我们是可以直接体会到的，但是其和安全精细化管理的效率之间并非即时反映的关系。如某一时期精细化管理的效率不高，但煤矿的安全状况可能并没有很明显的恶化现象，但如果精细化管理的效率低下的不良状况持续下去，煤矿的安全状况可能会在某一个时点由量变发展到质变，就有可能发生重大的安全事故，这是要极力避免的。所以能够及时地掌握煤矿安全精细化管理的效率并提前做好调节和控制是十分必要的。为此，就必须有一套能够反映安全精细化管理效率的指标体系和相应的评估效率的方法。

(2) 煤矿安全管理效率的概念

研究煤矿的安全精细化管理效率必须考虑如下几个方面的问题。

首先，是煤矿安全管理的产出或效果。煤炭行业在我国是一个高危行业，其原因是多方面的，既有自然条件的因素也有社会的因素。然而无论如何，煤矿在保证能源供应方面做出了不可磨灭的贡献。煤矿的原煤产出与安全是紧密相关的，只有安全的生产环境和生产条件，才能保证原煤的产出。然而要保证煤矿的安全生产环境，就需要进行安全管理。煤矿安全管理的产出效益通常可以体现为煤矿安全的减损效益、增值效益、社会效益和心理效益[84]。而从煤矿安全管理的效果来看，就是用煤矿的百万吨死亡率、百万吨重伤率、隐患的消除率、隐患整改的及时性以及员工的安全感受如何等指标来衡量。

其次，是煤矿安全管理的基础。我国煤矿地域分布广，自然条件差异大，开采的技术水平和人员素质也各不相同，因此影响煤矿安全管理的因素众多。很显然，不同的地质条件若达到同样的安全水平，地质条件恶劣的煤矿需要付出的管理投入无疑会高于地质条件良好的煤矿。所以从管理效率的角度来看，后者必然高于前者。因此，衡量煤矿的安全管理效率必须考虑煤矿安全管理的基础条件。

然后，是煤矿安全管理的可用资源。煤矿的安全管理必须要有一定量的资源为保障方能开展工作。煤矿安全管理必须依靠安全组织、安全规章制度、安全设施设备以及安全管理资金等方能履行安全管理的职能。

除了上述的三个基本方面以外，衡量煤矿的安全管理效率还必须考虑时间的因素，即达到某一安全效果必须是在特定的时间段内的。只有考虑时间因素才能体现“效率”的思想。

基于以上对煤矿安全管理效率的分析，这里给出煤矿安全管理效率的定义为：特定的时期内在一定的安全基础环境下投入相应的安全管理资源所获得的安全管理效果。

(3) 煤矿安全管理效率的评价指标体系

煤矿安全管理效率评价指标体系应该包括三大类指标:安全管理效果类指标、安全基础水平类指标和安全管理资源类指标。即安全管理的效率综合反映了时间、过程、安全的基础、投入的与安全相关的管理资源以及取得的安全效果。

(4) 煤矿安全管理效率的评估方法

由于对煤矿安全管理效率的衡量采用的是全方位、多层次的多指标体系,因此对煤矿安全管理效率的测评可以有如下三方面的考虑:

一是采用综合集成的方法。即煤矿安全管理效率测评可以采用赋予各个指标权重并进行综合集成的方法进行分析。首先,需要将各个评价对象的样本值进行归一化处理,然后根据实际需要采用主观或客观权重确定法抑或采用主客观权重结合的方法获得各个指标的权重,最后以加权指标综合值作为安全管理效率值测评的依据,据此进行测评。当然采用聚类分析的方法也可以归纳为综合集成的方法,如投影寻踪聚类分析的方法。

二是从投入产出的角度考虑,可以认为煤矿安全管理效果类指标为安全管理的产出,而安全基础水平类和安全管理资源类指标为煤矿安全管理的投入。所以,煤矿的安全管理效率可以表示为产出与投入的比例关系。因此,可以采用反映效率的数据包络分析(DEA)方法。DEA 方法由于其对各评价参数不需事先设定权重并能够分析出相对效率低下的原因等诸多优点,得到了广泛的应用,因此应用在煤矿安全管理效率的测评方面是可行的。

三是采用广义灰靶决策方法。该方法的特点是不需要事先设定评定标准和进行指标的规范化，仅通过方案指标间的优劣综合比较来评比方案。具体来说，首先是确定待评价对象各单项指标的靶心，并计算待评对象各单项指标到其相应靶心的靶心距，然后对待评价对象各项单指标靶心距分别归一化，最后求得各对象的加权综合靶心距。按照综合靶心距进行决策，靶心距越小，则方案越优。

6.2.2　制约管理效率瓶颈因素的诊断方法

管理效率的高低可以通过构建一定的评估指标体系反映出来，它反映的是一个管理系统的整体的状况。但如何识别诊断出制约管理效率的瓶颈因素也是需要进行研究的一个方面。最简单的是采用 IE 中的“5W1H”的设问技巧，就能在很大程度上分析出问题的原因所在。但是对于一些比较复杂的因素，必须借助一定的理论和方法来进行。如识别瓶颈因素时可能有多项制约因素，但究竟哪一项是最关键的制约因素？为此需要建立多因素的瓶颈制约因素识别的数学模型。而该数学模型构建的基本思路则是首先设定比较起点的基准值，然后将待研究时期的管理效率的综合值相对于起点基准的效率综合值的比值变化与待研究时期各因素与起点基准各因素的比值变化进行对比，以确定是否为瓶颈制约因素。

6.2.3　促进煤矿安全精细化管理效率的方法研究

前面已经详细地分析探讨了提高煤矿安全精细化管理效率的程序，对制约因素进行控制、协调的必要性，但最终对煤矿安全精细化效率提高的管理必须要针对不同的管理控制要素采取合适的方法。通常制约煤矿安全精细化管理中的关键要素包括安全质量标准的合理制定、信息化的建设、安全文化的建设、激励机制的创新和完善,均是有利于管理效率提高的方法,而对这些制约管理效率的因素进行探讨无疑是十分有意义的。

第 7 章

煤矿安全度分析

煤炭工业是中国的支柱性产业，因此煤矿安全历来备受公众的关注。与其他产煤国家相比，中国的煤矿安全状况堪忧。人们通常认为中国煤矿不安全，实际上是从安全度的角度来衡量的。虽然安全度目前尚无一个统一的概念及度量，但一般认为它是安全系统中各因素相互作用的结果，是系统安全状态的度量，免于危险的客观的程度，它与危险度是相对的[85-87]。

当前专门对煤矿安全度的研究较少，陈全君、何学秋从安全投入及事故损失的角度分析了某煤矿历年来的安全度[85]。这种分析方法是从煤矿企业内部以专家的角度来分析的。而煤矿的安全度不仅要从专家的角度来进行衡量，更要把其安全度放在其存在的环境中以公众认知的角度来进行综合衡量。从公众的视角来看煤矿的安全度较低是因为其事故频发且重、特大伤亡事故不能从根本上杜绝。国内外不少学者已经研究了公众对危险的认知对于事故防范的重要性以及在一些行业中的应用[88-93]。因此，从公众认知的角度看，衡量煤矿安全度比较合适的是以一定时期内，某一煤矿区域或系统整体发生的事故的数量及事故的严重性方面来度量，也就是从安全投入的成果来反映煤矿的安全度。

本章将在归纳梳理安全度的概念、安全度特性的基础上以煤矿事故量作为自变量，以安全度作为因变量，从公众对煤矿安全成果审视的视角分析事故发生量与总体安全度的关系，并提出相应的安全工作对策。

7.1 煤矿安全度概述

7.1.1 煤矿安全度的概念

安全度是反映系统安全状况的一个综合的量，它是安全系统中诸多因素相互作用的结果，即安全度表征的是某一阶段为了特定的目的而投入一定的安全资源所获得的安全成果的度量。这里的安全资源可以是投入的资金、安全人员、安全技术以及安全信息等一切与安全活动有关的可量化或不可量化的资源[58]；安全成果指的是安全活动所带来的事故的减损和安全增值效益[87]。

煤矿安全度是煤矿企业或者系统在某一阶段安全活动中所取得安全成果的度量。如果视煤矿事故的减损和安全增值为安全活动的正产出，或称为期望产出，那么煤矿发生的事故便为煤矿安全的负产出或不期望产出。从公众认知的角度看某一阶段安全负产出越少，煤矿的安全度就越高，采用此种逆向的度量安全度的方法比较简洁、有效，比较符合公众对煤矿安全度的判定。

7.1.2 煤矿安全度的特性

从煤矿安全度的概念可以知道，煤矿安全度的内涵是十分丰富的，具体来说具有如下的特性。

(1) 认知的模糊性

煤矿的安全负产出越少煤矿的安全度就越大，因此，可以认为煤矿的安全度与安全负产出之间成反向的关系。但是要建立二者之间的关系却是十分困难的，原因在于二者之间并不是确定的线性关系。同时，安全度的概念本身又是模糊的，如对同一煤矿系统发生的事故，专家和公众对安全度的认知是不同的[94]。这主要是由于评价标准的不确定性、随机性和模糊性，还涉及人员心理因素和人员所具备的信息量，导致了对安全度认知的模糊性[95]。

(2) 动态性

煤矿的安全度反映了煤矿某一阶段的安全状态，这一状态实际上是安全系统在某一时刻所呈现的宏观安全状况，是动态平衡状态的反映[85]。因此，煤矿的安全度是变化的。即便是从公众的角度来看，某一阶段煤矿安全度的大小也是变化的，当发生事故起数较少、事故的严重度较轻时，普遍地会认为煤矿的安全度较高，反之则安全度较低。

(3) 相对性

煤矿安全度的另一个不可忽视的特点是相对性。通常认为煤矿的安全度较低是从比较的角度来分析的，如认为煤炭工业相对于其他工业的安全度较低；中国的煤炭工业相对于其他主要产煤国家来说安全度较低；国内小型煤矿企业较大型煤矿企业的安全度低；十年前煤矿的安全度比当前的煤矿安全度低等。这一方面反映了中国煤矿生产的条件的复杂性、煤炭企业安全管理水平的参差不齐、安全技术水平的不同，另一方面也反映不同类型煤矿企业对安全投入重视程度的不同。

(4) 发展性

煤矿安全度另外一个特点就是发展性。随着社会经济的发展，人们对安全的要求越来越高。十年前煤矿发生同样的事故量如果在当时认为是可以接受的话，那么在当前极有可能就是不可接受的。这说明煤矿安全度的标准也是在不断地发展的。因此，煤矿安全度的衡量也是一个发展的过程，即同样的事故量在经济发展的不同时期，公众对安全度的认知和判断是有差别的，这当然反映了社会的进步，从而也说明了安全度对安全状况反映的综合性。这也是经济的发展、社会的进步，特别是和谐发展、安全发展的发展理念的必然要求[5]。

7.2 煤矿安全度的负产出表达模型

7.2.1 模型的构思

前面已经分析了可以从煤矿安全的负产出，即发生的事故数量及严重程度的角度，来反映煤矿的安全度。煤矿的安全度和煤矿的事故之间到底存在什么样关系的很难一下找出，为此需要间接寻求二者之间的关系。前已叙及煤矿的安全度与危险度存在着互补的关系，如果设安全度为 S，危险度为 U，那么二者之间的关系可以表示为 $S=1-U$，而 S 和 U 均为无量纲的量，且取值区间均为 $[0,1]$ [85,86]。

从公众的视角来看，随着煤矿企业或系统发生事故数量及严重程度的增加，所能感知到的危险度也在增大，但是危险度的增大并不是无限的。这一方面是由于当事故数量及严重程度达到一定程度，超出了公众心理承受的限度，就会使危险度达到最大值 1，即认为处于安全毫无保障的程度；另一方面，事故的发生量和严重度在不超出公众心理所承受的范围内，在某一事故发生量和严重度的基础上再发生相应的事故，危险度增加的边际效应处于递减的状态，即公众总体对危险度的敏感性处于“效应递减”的麻痹状态。通过上述分析可以发现，上述事故量和严重度与危险度的增加与 Longistic 生物的生长方程有类似的地方。不同的是，Longistic 方程是随着时间的变化生物量发生着变化，而这里是考察危险度随事故发生的频率及严重程度的变化规律的。

7.2.2　模型的变量设置

(1) 事故统计量与事故量

对于煤矿安全来说，描述事故的一般统计量为事故的起数、事故的轻重伤人数、死亡人数和百万吨死亡率。这些不同的指标反映了事故的不同方面，事故起数反映了事故发生的频率，轻重伤人数反映了事故的严重程度，而百万吨死亡率反映事故的相对严重程度。一般来说，这些事故统计指标从不同方面反映了煤矿企业或系统发生事故的影响。但对于即将构建的模型来说，需要一个综合的能够反映这些统计指标的量，这里称为事故量。

$$X = F(X_1, X_2, \cdots, X_n) \tag{7-1}$$

式中　X——事故量，综合反映了 n 个事故统计指标的量值，无量纲；

X_i——安全系统的某一单项事故统计量，$i=1,2,\cdots,n$。

从公式(7-1)中可以看到，X 可以是某一项或多项事故统计指标的综合，综合后 X 为一个无量纲的数值，数值的大小代表了某一阶段事故的宏观严重性。

(2) 危险度与安全度

设某一事故量 X 所对应的危险度为 $U(X)$，当考察某一系统的事故发生量与危险度的关系时，将 $U(X)$ 视为连续可导函数，则有下式成立：

$$U(X) = 1 - S(X) \tag{7-2}$$

记事故量为 0 的危险度 $U(X=0)=U_0$，对应的安全度为 S_0，则有 $U_0=1-S_0$。理论上系统的最大安全度为 $S_{max}=1$，最小安全度为 $S_{min}=0$；同理系统的最大危险度为 $U_{max}=1$，最小危险度为 $U_{min}=0$。

(3) 特定危险度下边际危险度增长率

设安全系统在某一危险度下的边际危险度增长率为 r，则有下式：

$$r = \frac{U'}{U} = \frac{\frac{dU}{dX}}{U} \tag{7-3}$$

式中 X——事故量；

U——某一事故量对应的危险度；

r——处于某一危险度的边际危险度增长率。

7.2.3 模型的推导

有了上面的事故量 X、危险度 U、安全度 S 以及处于某一危险度的边际危险度增长率，可以得到下式：

$$\frac{dU}{dX} = rU(1-U) \tag{7-4}$$

公式(7-4)中，rU 表示某一危险度的边际增长率与 U 的乘积，反映了危险度的增量；$(1-U)$ 为安全度，是对危险度的增长起阻滞作用的项。可以认为随着事故量的增加，危险度的增加并不都是呈现递增式的；阻滞项说明随着事故量的增加，对于危险度的感知起初是较敏感的，由于边际效用递减的原理，对危险度的感知呈现递减效应。

对式(7-4)进行进行积分则可以得到：

$$U=\frac{e^{rX}}{C+e^{rX}} \tag{7-5}$$

式中　C——积分后常数项。

由前面的假设知道：$U(X=0)=U_0$，将其代入公式(7-5)，可得

$$C=\frac{1-U_0}{U_0}=\frac{S_0}{U_0}$$

将 C 再代入公式(7-5)可得：

$$U(X)=\frac{e^{rX}}{\frac{S_0}{U_0}+e^{rX}}=\frac{1}{1+\left(\frac{S_0}{U_0}\right)e^{-rX}} \tag{7-6}$$

又因为有 $S(X)=1-U(X)$，所以可得到：

$$S(X)=1-U(X)=1-\frac{e^{rX}}{\frac{S_0}{U_0}+e^{rX}}=\frac{1}{1+\left(\frac{U_0}{S_0}\right)e^{rX}} \tag{7-7}$$

式中　X——事故量；

S——某一事故量对应的安全度；

U——某一事故量对应的危险度；

r——处于某一危险度的边际危险度增长率；

S_0——事故量 X 为 0 时的安全度；

U_0——事故量 X 为 0 时的危险度。

公式(7-7)即为煤矿的安全度与事故量的关系表达式。

7.3 煤矿安全度的负产出分析

7.3.1 模型参数的取值分析

(1) U_0和S_0的取值分析

从公式(7-6)和公式(7-7)可以看到危险度与事故量以及安全度与事故量的表达式中只要确定了U_0,S_0和r,那么由变量X可以求得相应的危险度和安全度。

其中U_0和S_0分别为某一安全系统的事故量为0的危险度和安全度,其意义是对于煤矿生产系统来说,即使没有发生事故,其危险性总是存在的。所以事故量为0的情况,也不能达到最大的安全度值1,而是有一个取值。这个取值取决安全于系统的结构、已有的安全管理水平、安全技术的拥有程度以及公众对以往的安全表现的认知等。

(2) r的取值分析

r表示处于某一危险度的边际危险度增长率,反映了人们对某一安全系统发生事故与危险度增加的固有看法,如同样的事故量,通常人们会认为煤矿比其他行业的危险度要大,就是固有的看法,这里针对特定的对象设其为常数。

(3) X的说明

X是反映事故统计量的综合指标。由公式(7-1)可以看出,X是一个综合量,通常由事故的统计指标共同决定,如对于煤矿的事故统计量来说有事故起数、重伤人数、死亡人数以及百万吨死亡率等统计指标。不同的统计量指标反映了事故发生的不同方面，如事故起数反映了事故发生的频率，轻重伤人数、死亡人数反映了事故的严重程度，而百万吨死亡率反映了相对的安全状况等。因此，反映煤矿安全度与发生事故的关系应该是与这些综合的量来比较才更有意义。至于具体的如何将事故统计量指标转化为模型输入的事故变量 X，还是需要深入进行研究的，这里不作过多探讨。

7.3.2　危险度与安全度随事故量变化的曲线

为了更加直观地看出煤矿的事故量与危险度以及与安全度的变化趋势，这里取 $S_0=0.99$，$r=0.75$，则危险度和安全度随事故量的变化曲线如图 7-1 所示。

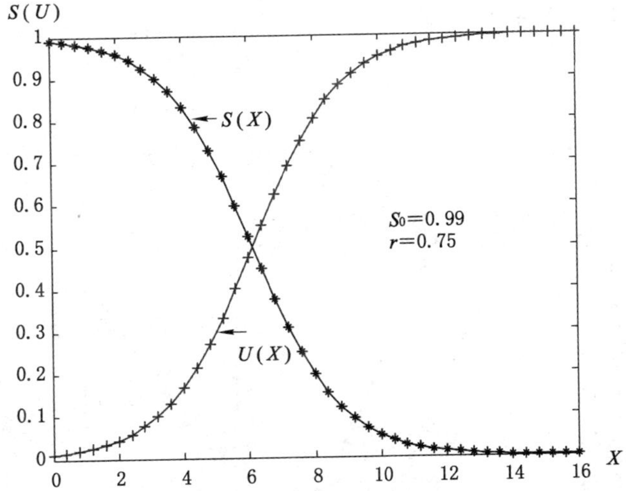

图 7-1　安全度、危险度与事故量的关系曲线图

从图 7-1 中可以看出，随着事故量的增加，危险度经过起始缓慢增幅后便迅速增加，但随着危险度的增加，事故量的增大，危险

度增加的趋势逐渐变缓，最终会趋近于 1。而安全度与危险度的曲线刚好相反，初始安全度随着事故量的增加，安全度下降的较慢，随后快速下降，但随着事故量的进一步增加，安全度的下降幅度变缓，最终会趋于 0。

7.3.3　不同参数变动时的曲线形状

下面针对上述的安全度与负产出的模型分别就其中不同的参数 S_0，U_0 和 r 取不同的值时，曲线的变化趋势及其表达的意义进行分析。

（1）固定 r 时，S_0，U_0 取不同值的安全度曲线变化趋势

这里取 $r=0.75$，S_0，U_0 取不同值时安全度与 X 的曲线变化趋势如图 7-2 所示。

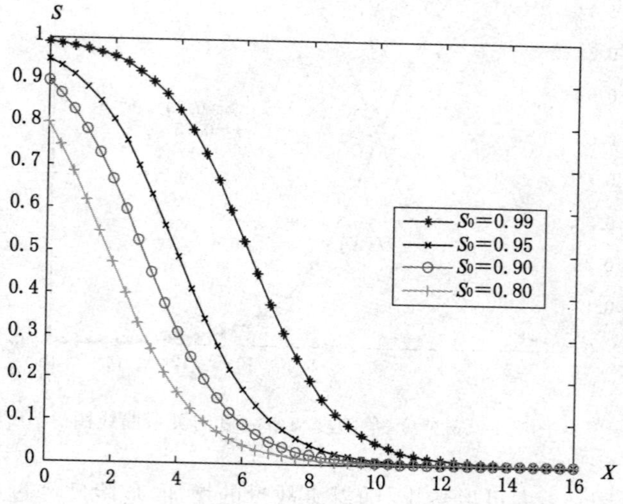

图 7-2　不同初始安全度值时安全度的曲线

由图 7-2 可以看出，当 r 固定时，不同的安全度初值，会导致当事故量增加时，安全度的下降幅度不同，即当安全度初值 S_0 越大时，随着事故量的增加其安全度初值下降的越缓慢；反之安全度初值越小，随着事故量的增加其安全度下降的越迅速。这给我们的启示是由于基础安全水平的不同，发生了同样的事故量的两个企业或系统，初始安全度高的企业或系统给公众认知上的安全度仍然是较高的，而实际情况也是如此。所以对于煤矿企业来说，采取各种措施提高安全度是非常必要的，无论是对事故的预防和公众可接受危险的承受能力，还是对社会的影响都是具有积极的意义的。

(2) 固定 S_0，U_0 时，r 取不同值的安全度曲线变化趋势

这里取 $S_0=0.99$，$U_0=0.01$，r 取不同值时安全度与 X 的曲线变化趋势如图 7-3 所示。

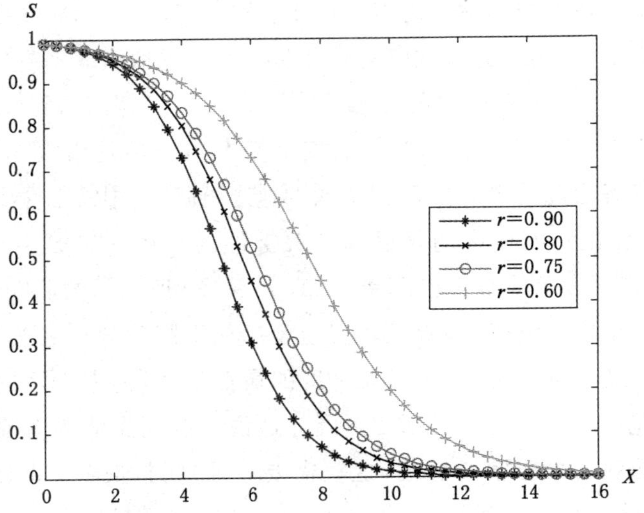

图 7-3　不同 r 值安全度的变化曲线图

由图 7-3 可以看出，在同样的初始安全度初值 S_0 下，由于 r 值不同，会导致随着事故量的增加，安全度降低的幅度不同。在同样的初始安全度下，r 值越大，在相同的事故量下安全度下降的幅度越大；反之 r 值越小，在相同事故量下安全度下降的幅度越小。这说明不同应对事故的态度会产生对同样事故量的反应不同。这一方面与公众总体对安全事故的认知有关，另一方面也是某个行业长期的总体安全水平形成的。如同是对于煤矿企业，大型国有煤矿和小型地方煤矿相比，即使发生了同样的事故量人们总体上还是会认为大型煤矿的安全度要高，这同样符合实际情况。这就要求煤矿企业在下大力气采取各种措施搞好安全生产的情况下，还要努力改变自身的形象，从而形成良性的发展。

(3) 当 S_0，U_0 和 r 均变化时，安全度曲线变化趋势

前面讨论了 S_0，U_0 和 r 有一方固定时，煤矿安全度 S 与事故量 X 的变化趋势，现在来讨论 S_0，U_0 和 r 均发生变化时的曲线变化趋势。由于 r 存在着边际效应递减规律，所以 r 的取值取一系列递减的值。安全度 S 随事故量变化的趋势 X 如图 7-4、图 7-5所示。

由图 7-4 可以看出，当初始安全度 S_0 和 r 值均由大变小时，安全度 S 会随着事故量 X 以更快的速度下降，其中需要注意的是 r 值的变化对安全度的降低起着关键性的作用。如 $S_0=0.90$，$r=0.75$所表示的曲线和 $S_0=0.80$，$r=0.60$ 所表示的曲线，前者由于安全度初值较大，所以其安全度起初下降的较后者为缓慢，但由于其 r 值较大，在接近安全度的最低值时，前者下降的幅度反而超过后者以更大的幅度下降。这说明改变企业固有安全度较低的观念是非常必要的，这就需要企业通过加强与社会的联系，充分让社会公众了解该行业的安全状况在逐渐改善。

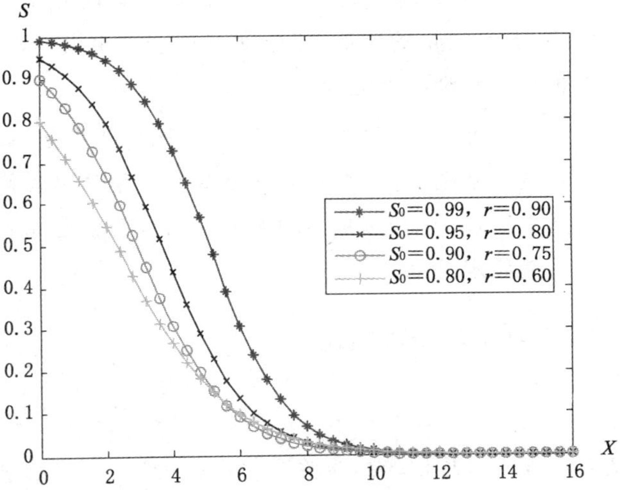

图 7-4　S_0 与 r 值同向变化时安全度曲线的变化图

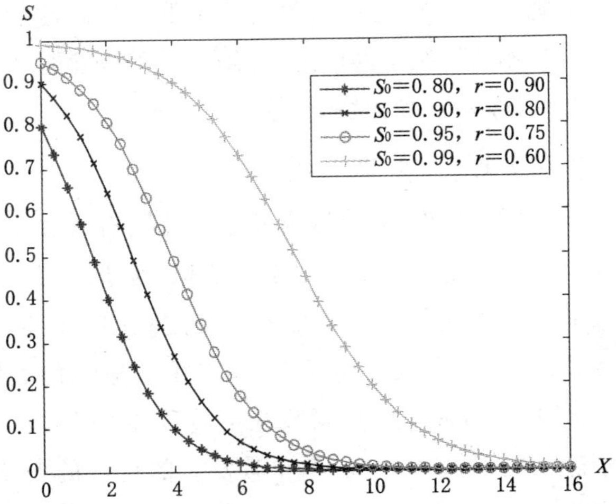

图 7-5　S_0 与 r 值反向变化时安全度曲线的变化图

由图 7-5 可以很容易地看出，当初始安全度 S_0 较低并且 r 值也较大时，随着事故量的增加，安全度 S 就会以更大的幅度下降，并很快趋近于完全没有保障的 0 值。

由图 7-4 和图 7-5 所反映的趋势，在实际的生产过程中，既要切实做好安全的基础工作，也要提升公众尤其是从事煤炭行业的公众对所从事行业的信心，形成良好的氛围，才能更加有利于安全工作的持续稳定发展。

7.3.4 模型对安全工作的启示

(1) 加强基础性安全建设

从安全度与事故量的曲线关系中可以看出，只有煤矿企业或系统的基础性安全水平提高了，才能从总体上提高安全度。这就要求必须注重煤矿安全水平的基础性建设，从安全设施的配备、安全技术措施的正确实施等方面进行建设。基础性的安全建设建设是一个长期的持续不断的过程，即煤矿的安全投入具有累积效应、持效性和效用衰减的特点[96]。

(2) 重视安全文化的作用

重视安全文化的作用，是因为安全文化具有统领安全管理的作用。安全的实现是一项复杂的系统工程，对于受诸多危害因素影响的煤矿来说更是如此。安全的实现过程中人的因素是具有双面性的，既是产生事故的诱发者，又是事故避免的关键预防和控制者。因此，必须将人的因素放在极其重要的地位。这就必须抑制和消除人的不良行为，培养和激发人的良好的安全习惯，使其自觉实现安全，这无疑必须借助于安全文化潜移默化的引导、凝聚、激励等功能。

(3) 改善企业的形象

实事求是地说，通过煤矿企业多年来对安全投入的加大、政府对煤矿安全监管力度的持续严格、宏观政策上对不具备安全条件的一些小煤矿的关闭整顿，当前煤矿的安全形势有了长足的进步，不少煤矿企业已经多年无死亡事故的发生。但是由于中国煤矿地质条件的复杂性、煤矿从业人员素质的参差不齐，导致了全国范围内煤矿事故还时有发生。从这一点来讲，煤矿企业要通过各种渠道和途径，采取多种方式来努力改变自己在公众中的形象。

(4) 加强事故后的管理

事故的发生是谁都不愿意看到的，但是一旦不幸发生了事故，则要加强事故的管理，如有效的应急措施、快捷的救护行动、和公众的及时的信息沟通以及对事故原因的客观公正的调查与事故的赔偿等，都会改善公众对煤矿安全度的认识，这客观上会促进煤矿企业的良性发展。

7.4　煤矿安全度模型的应用价值

煤矿安全度可以从煤矿事故的发生量，即从安全负产出的角度加以衡量，这也是符合公众对安全认识的规律的。虽然公众由于对信息掌握的不充分及缺少专家对安全状况的透彻了解，在对危险度的认知上会偏大[94]，但这并不影响模型对安全度的表达。因为公众的关切会对煤矿和政府部门造成压力，促使他们采取更加有效的措施加强安全管理工作，从而减少事故，确保社会安全和稳定，进一步提升安全度。另外，也说明了煤矿要加强同公众的沟通，充分说明自身在安全方面已经做了大量卓有成效的工作，安全状况已经不是若干年前的状况了。煤矿安全度与事故量的模型说明了要提高煤矿的安全度既要抓好企业内部安全方面的建设，也要从公众的角度来审视安全工作的成效；否则忽视了公众的力量，则可能会造成恶劣的社会影响，从而对安全工作造成极大的被动，进而影响的煤矿企业的安全生产。

第 8 章

基于特殊生产要素视角的区域煤矿安全度分析

安全度是安全状况的综合反映，虽然，安全度目前尚无一个统一的概念及度量，但一般认为它是安全系统中各因素相互作用的结果，是系统安全状态的度量，免于危险的客观的程度，为一无量纲的量，值域为[0,1][85-87]。

已有对煤矿综合安全状况进行评价的思路是根据影响煤矿安全状况的因素来构建相应的评价指标，并请专家确定相应的指标权重进行评价。这种方法的缺点是指标构建比较复杂，某些指标数据获取存在困难或不够客观，对评价结果存在着较大的影响，这在对区域煤矿的安全度进行分析时表现得尤为明显。

结合当前及今后较长时期内中国煤矿事故很难完全避免的现实特征，在对区域煤矿的安全度分析时，本章提出了煤矿事故可以认为是在特定时期特定环境下为获取一定的原煤产出而迫不得已投入的特殊的生产要素的观点。即在对区域煤矿不同阶段的安全度进行分析时，原煤的产出越大，且事故越少，则该阶段区域煤矿的安全度就越高。然后，在此观点的基础上构建以数据包络分析为工具的分析模型，合理确定输入输出指标来探讨不同阶段某区域煤矿的相对安全度，不仅指标体系简单，而且数据易于收集，并能保证评价结果的客观性。

8.1 煤矿安全生产特殊生产要素的含义

8.1.1 我国煤矿的安全生产特征

基于中国煤矿安全生产的状况，为了便于对煤矿安全生产的特殊要素进行分析，首先必须明确我国煤矿的安全生产特征。为此给出如下命题并进行论证。

命题1：当前和今后较长的时期内中国煤矿的事故是很难完全避免的。

首先，中国煤矿企业的开采条件恶劣，且以井工开采为主，并且随着开采的逐步转入深部，安全形势更不容乐观；其次，采掘工人素质较低，大多为农民工且流动较为频繁；然后，安全生产技术与管理水平匹配程度不高；最后，煤矿的安全是可接受事故水平的安全，当然这个可接受事故水平是随着时间、经济、技术和管理的水平发展变化的，总体上是趋于严格的。

命题2：煤矿的生产是物质生产和安全生产的结合体。

煤矿是一个复杂的生产系统，包括实体的物质生产和无形的安全生产两个主线，二者是相互融合相伴相生的。物质生产是原煤的产出，而无形的安全生产是事故的减少，良好的生产环境是保障。安全的实质是安全再生产与产品再生产之间协调统一关系。二者协调统一程度高，则安全状态好，即生产系统的安全性好。否则，安全状态差，生产系统的安全性就差[97]。

命题3：煤矿事故是煤矿安全生产中的不期望产出。

煤矿的生产伴随着安全的再生产，而事故便是安全再生产中的不期望产出。

命题4:可以事故及原煤产出数据来反映一定阶段煤矿的综合安全水平。

煤矿事故与安全度呈现的是反向关系,即事故越多事故后果越严重,则某一阶段煤矿安全度越低;反之事故越少事故后果越轻,则煤矿安全度越高。同时由于煤矿事故是生产过程中的非期望产出,所以还要把原煤的产出结合起来才能综合反映某一阶段煤矿的安全度。

命题5:事故反映了煤矿安全工作的不足。

一定阶段的事故综合反映了该阶段的安全状况,与煤矿企业采取了何种管理手段、安全投入是否充足、安全技术措施是否到位等具有直接或间接的关系。因此,对于煤矿企业来说,必须重视事故所反映的安全工作的不足,关注各项关键因素和薄弱环节,并努力改善。

8.1.2　我国煤矿安全生产的特殊生产要素

从经济学的观点来看,物质产品的产出必须要投入一定的生产要素,这些要素既包括有形的原材料、设备和设施,也包括无形的管理和服务等要素。针对我国煤矿安全生产的事故不可完全避免的现实特征,在特定时期和特定环境下,可以认为事故是煤矿生产过程中的一种迫不得已的生产要素的投入。即在对区域煤矿的安全度进行分析时可以认为煤矿事故是为了获得原煤产出而进行的“特殊”生产要素的投入。显然,投入的要素越少获得的产出越大,则生产的效率就越高。与此相对应的是,某一区域煤矿某一阶段的事故越少,原煤产出越大,则表明该阶段的安全度就越高。因此可以建立起煤矿事故、原煤产出与煤矿的安全度之间的对应关系。基于投入产出的关系,可以采用数据包络分析的理论模型来进行区域煤矿安全度的分析。

数据包络分析方法由于其对各评价参数不需事先设定权重并能够分析出安全效率低下的原因等诸多优点,在煤矿安全效率评价方面已经引起重视。梁美健、童磊等分别采用 DEA 方法研究了煤炭企业不同年度的安全投资效率[98,99];田涛、杨广俊、程晓娟等均采用 DEA 方法研究了不同煤炭企业的安全效率问题[100-102];戚安邦、汪涛分别采用 DEA 方法研究了煤矿企业的安全管理效率和事故管理的绩效[103,104]。已有运用 DEA 进行煤矿安全效率评价的投入指标,除了汪涛在评估事故管理绩效采用的指标不同外,其余的均是传统意义上的要素投入,输出指标则为事故的损失或安全效益。而本章则是将事故数据作为 DEA 分析中的输入要素即特殊的生产要素,而将原煤的产出指标作为生产的成果。

8.2 区域煤矿安全度分析的模型构建

8.2.1 模型的理论基础

数据包络分析是由 A. Charnes 和 W. W. Cooper 等人 1978 年创建的用于效率评价的方法,首次刻画生产规模与技术的有效性[105]。1984 年 Banker 和 Charnes 等又提出了评价生产技术有效性的 B^2C 模型[106]。下面给出了包含 C^2B 和 B^2C 模型的综合 DEA 模型[107]。

设有 n 个决策单元,每个决策单元都有 m 种输入和 r 种输出。

第 j 个决策单元的输入向量 $x_j = (x_{1j}, x_{2j}, \cdots, x_{mj})^T, j = 1,$

$2,\cdots,n$；

第 j 个决策单元的输出向量 $y_j=(y_{1j},y_{2j},\cdots,y_{rj})^{\mathrm{T}},j=1,2,\cdots,n$；

输入权重 $\omega=(\omega_1,\omega_2,\cdots,\omega_m)^{\mathrm{T}}$；

输出权重 $\mu=(\mu_1,\mu_2,\cdots,\mu_r)^{\mathrm{T}}$。

综合了 C^2B 和 B^2C 的面向输入的 DEA 模型如下：

$$\max(\mu^{\mathrm{T}}y_{j_0}+\gamma\mu_0)=V_{\mathrm{P}}$$

$$\text{s.t.}\begin{cases}\omega^{\mathrm{T}}x_j-\mu^{\mathrm{T}}y_j-\gamma\mu_0\geqslant 0\\ \omega^{\mathrm{T}}x_{j_0}=1\\ \omega\geqslant 0,\mu\geqslant 0\\ j=1,2,\cdots n,\gamma=0\text{ 或 }1\end{cases}\tag{8-1}$$

① 当 $\gamma=0$ 时，为 C^2B 模型。

若线性规划(8-1)的最优解 ω^0,μ^0 满足 $V_{\mathrm{P}}=\mu^{0\mathrm{T}}y_{j_0}=1$，则称决策单元 j_0 为弱 DEA 有效；进一步，若线性规划(8-1)的最优解中存在 $\omega^0>0,\mu^0>0$ 满足 $V_{\mathrm{P}}=\mu^{0\mathrm{T}}y_{j_0}=1$，则称决策单元 j_0 为 DEA 有效。

② 当 $\gamma=1$ 时，为 B^2C 模型。

若线性规划(8-1)的最优解 ω^0,μ^0,μ_0^0 满足 $V_{\mathrm{P}}=\mu^{0\mathrm{T}}y_{j_0}+\mu_0^0=1$，则称决策单元 j_0 为弱 DEA 有效；进一步，若线性规划(8-1)的最优解中存在 $\omega^0>0,\mu^0>0$ 满足 $V_{\mathrm{P}}=\mu^{0\mathrm{T}}y_{j_0}+\mu_0^0=1$，则称决策单元 j_0 为 DEA 有效。

C^2B 为生产规模不变的模型，求出的决策单元的效率为技术效率；BC^2 为生产规模可变的模型，由其可得出纯技术效率和规模效率。各个效率之间的关系如下：

$$TE=PTE\times SE\tag{8-2}$$

式中 TE——技术效率；

PTE——纯技术效率；

SE——规模效率。

基于DEA模型的特性及对我国煤矿安全生产特征的分析，这里提出根据各决策单元事故和原煤产出数据，以事故作为输入变量，以原煤的产出作为输出，评价决策单元之间的相对安全状况（安全度），并且可以根据DEA模型分析在DEA的意义下各决策单元应改进的安全工作的方向。C^2B模型中的技术效率就反映了各决策单元的相对安全度，而B^2C模型中的纯技术效率和规模效率能够进一步地揭示出影响技术效率（安全度）的原因，这对指导煤矿的安全工作是具有十分重要的意义的。

8.2.2 指标体系的构建

已有的反映煤矿综合安全状况的指标体系多是按照影响煤矿安全的因素分为几个大类，再细化为若干个具体的指标。这些指标体系较为复杂，某些指标值的获取比较困难或不够客观。而根据目前煤矿的安全生产特征和事故作为特殊生产要素的观点，可以构建包含以事故数据和原煤产出为主要内容的指标体系来反映区域煤矿的安全度。

结合DEA理论，这里构建的指标分为输入指标和输出指标，其中输入指标这里又可以称为要素类指标，而输出指标又称为成果类指标。综合反映区域煤矿安全状况的指标应包括年度事故发生的频率、事故的绝对严重度、事故的相对严重度和原煤产出指标。事故发生的频率可以包括事故发生的起数；事故的绝对严重度可以包括事故的死亡人数、重伤人数、直接损失以及间接损失等；事故的相对严重度包括百万吨死亡率等；原煤产出的结果包括原煤产量、原煤产值、销售利润等。而实际利用时并不需要这些详细的指标，只选择代表性的指标即可。

煤矿安全度评价指标体系见图 8-1。

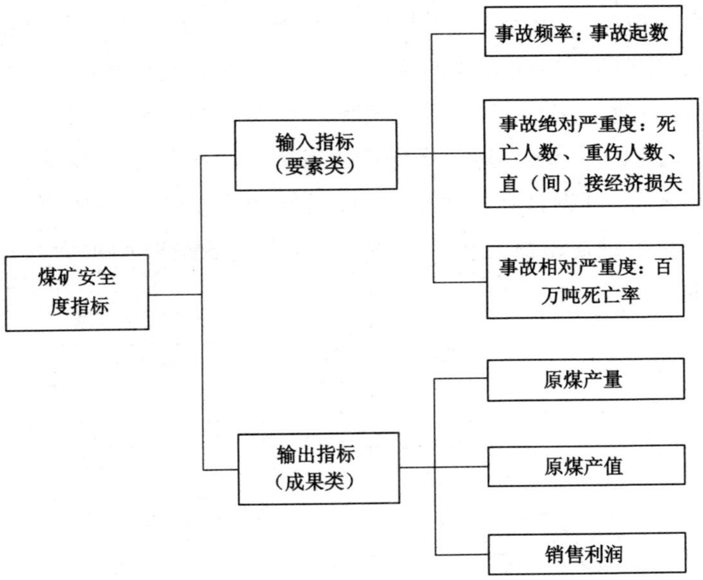

图 8-1　煤矿安全度评价指标体系

8.2.3　分析过程

(1) 确定评价对象

确定区域煤矿安全度评价的评价对象，明确决策单元。即针对某一区域煤矿的历年的安全度分析时，评价对象是各个年度；而对同一年度不同区域煤矿的安全度进行分析时，评价对象则为各个不同的区域煤矿。

(2) 选定具体指标

明确了评价对象,接下来就是具体选定能够反映评价要求的输入输出指标。图 8-1 所示的区域煤矿安全度的评价指标为大类的指标,具体分析时根据实际情况考虑数据的可得性、准确性和客观性选择代表性的指标,这里输入指标选择事故发生的起数、事故的死亡人数、百万吨死亡率等,输出指标选择原煤产量,如图 8-2 所示。这些指标均为目前煤矿统计中常用的指标,较为客观、可靠且易于收集,不仅反映了煤矿生产的成果,还全面反映了煤矿事故发生的频率、事故发生的绝对严重度和相对严重度。

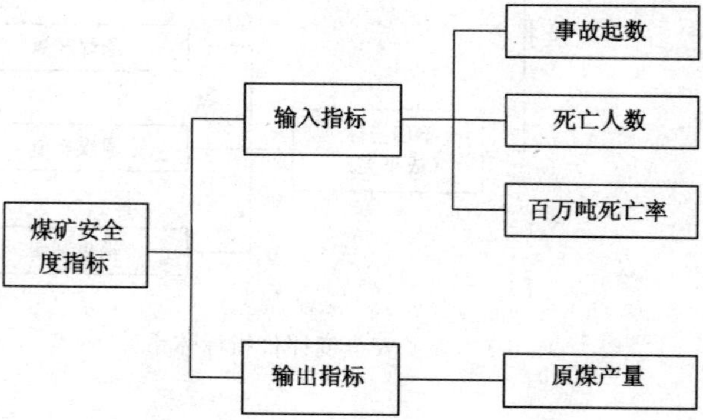

图 8-2 煤矿安全度具体评价指标

(3) 模型的仿真及分析

由 C^2B 模型所得到的技术效率即为这里所要获得的综合的安全度;而由 BC^2 模型可获得规模可变的纯技术效率和规模效率。从经济意义上看,纯技术效率反映的是给定的生产要素所获得的收益,而规模效率则反映了生产规模的状况是过大还是过小。结合分析的对象，这里采用基于投入的 DEA 模型，即假定产出固定不变情况下，投入可以减少或可以改进的方面。由模型运算的结果可以分析各决策单元（各年度）的区域煤矿的安全度。同时，还可以分析出各个指标的投影值的状况以及可以减少的目标值等一系列需要改进的地方。需要值得注意的是，DEA 分析时对各个输入指标给出的权重值是等同的，即认为事故起数、死亡人数以及百万吨死亡率对安全水平的贡献是同等重要的。

8.3 实例分析

8.3.1 数据来源及指标选取

本研究收集了 2008～2012 年河南省煤矿事故和原煤产量数据，包括发生的事故起数（X_1）、死亡人数（X_2）、百万吨死亡率（X_3）和原煤产量（X_4）等，如表 8-1 所示。数据来源于河南煤矿安全监察局年度公布的事故统计报告。

表 8-1　2008～2012 年河南省煤矿事故及原煤产量统计

年度	X_1/起	X_2/人	X_3/（人/百万吨）	X_4/万吨
2008	64	256	1.251	20 467.9
2009	52	149	0.806	18 481.4
2010	35	266	1.469	18 109.02
2011	8	36	0.192	18 722.65
2012	5	12	0.081	14 774.55

8.3.2 计算结果

使用 DEAP2.1 软件，采用面向投入的 DEA 模型，运用表 8-1 所示的数据，进行基于 C^2B 和 B^2C 模型的运算，输入指标为事故起数、死亡人数和百万吨死亡率，输出指标为原煤产量。经计算后则可以得到表 8-2 所示的结果，其中技术效率就反映了各个决策单元的综合安全度。

表 8-2　2008～2012 年河南省煤矿综合安全度比较

年度	技术效率	纯技术效率	规模效率	规模状况
2008	0.108	1.000	0.108	递减
2009	0.126	0.232	0.542	递减
2010	0.175	0.215	0.813	递减
2011	0.792	1.000	0.792	递减
2012	1.000	1.000	1.000	—

8.3.3 分析讨论

从表 8-2 我们可以看出，2008～2012 年的 5 个年度中，2012 年的技术效率为 1，其纯技术效率和规模效率也同时达到了 1。这说明在比较的意义下，2012 年的相对安全度是最好的。2011 年、2010 年、2009 和 2008 年的相对安全度分别是 0.792、0.175、0.126 和 0.108。而 2008 年和 2011 年的纯技术效率均达到了 1，不足的是规模效率比较低下，说明生产规模过大，处于规模递减状态。

表 8-3　　2008～2012 年河南省煤矿输入与输出目标值

年度	X_1/起	X_2/人	X_3/(人/百万吨)	X_4/万吨
2008	64.000	256.000	1.251	20 467.900
2009	7.817	34.533	0.185	18 481.400
2010	7.534	32.270	0.175	18 109.020
2011	8.000	36.000	0.192	18 722.650
2012	5.000	12.000	0.081	14 774.550

表 8-4　　2008～2012 年河南省煤矿事故应减少目标值

年度	X_1/起	X_2/人	X_3/(人/百万吨)	X_4/万吨
2008	0	0	0	0
2009	44.183	114.467	0.621	0
2010	27.446	233.73	1.294	0
2011	0	0	0	0
2012	0	0	0	0

表 8-3 反映的是在 DEA 的意义下输入和输出指标应达到的目标值，即在输出(原煤产量)不变的情况下，各投入指标所需要投入的数量。经过转换后，可以得到表 8-4 所示的事故量要达到 DEA 有效应该减少的目标值。如 2009 年事故的起数至少要减少 45 起，死亡人数要减少 115 人，同时百万吨死亡率要减少 0.621 才能达到与原煤产量所匹配的最佳安全度；同理 2010 年事故起数要减少 28 起，死亡人数要减少 234 人，百万吨死亡率要下降 1.294 才能达到与原煤产量所匹配的最佳安全度。值得注意的是 2008 年和 2011 年的输入指标均不能减少，原因在于 2008 年的事故起数和死亡人数虽然较多但是原煤的产量较其他年度大得多；

2011 年煤炭产量处于 5 年内的第 2 位，且事故量较少，因此在 DEA 的意义下，这两个年度所付出的"事故投入"要素与获得的原煤产出是匹配的，只是由于规模过大，导致规模效率较低才影响了总体的安全度。

2008～2012 年河南省煤矿安全度与原煤产量的变化趋势如图 8-3 所示。从图上可以发现，随着原煤产量的逐渐下降，河南省煤矿的安全度呈逐年提高的趋势，说明适当的限产对安全是有利的。而这与河南省煤矿安全的总体趋势是相符的，与河南省近年来加大整顿、关闭落后和不符合安全要求的小煤矿的工作是分不开的。

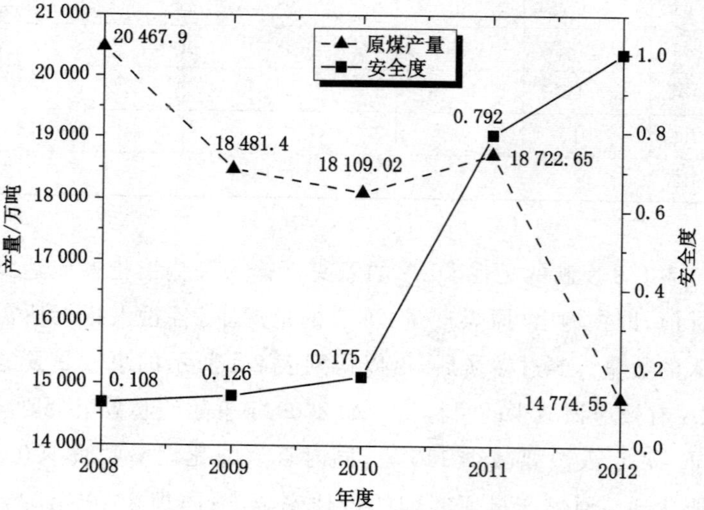

图 8-3 2008 年～2012 年河南省煤矿安全度与原煤产量趋势图

第 9 章

结论与展望

9.1 结　　论

本研究取得的成果主要有如下几个方面：

① 基于熵理论构建了煤矿安全系统的安全熵、安全负熵和安全总熵，并以这些量的变化判断煤矿安全系统所处的状态；以边际安全熵和边际安全负熵相等时的煤矿安全系统所处的状态为对其进行调控的时机。基于煤矿安全系统演化的宏观表现，论证了煤矿实施安全精细化管理模式的必要性。

② 分析了煤矿安全文化建设存在的不足，确定了煤矿安全文化的建设方法，具体包括煤矿安全文化的建设程序、方法的选择以及安全文化建设的基础和保障。基于 IE 技术的基本理论和方法确定了安全质量标准化标准的制定原则、程序、分类以及不同安全质量标准的制定方法。

③ 分析了煤矿安全资源的分类、作用并提出了煤矿安全资源配置的思路；建立了煤矿安全成本控制的挣得值分析法，能够对煤矿预定的安全目标及安全成本进行过程性控制。

④ 分析了煤矿安全生产中“人—机”、“人—环境”、“机—环境”以及“人—机—环境”之间的相互关系，并采用模糊综合评判法对“人—机—环境”的协调性进行分析。

⑤ 分析了煤矿安全管理效率的变化规律以及进行调控的必要性；给出了煤矿安全管理效率的概念、建立评价指标体系的思路及相应的评价方法。

⑥ 归纳梳理了安全度的概念、安全度特性，并在此基础上以煤矿事故量作为自变量，以安全度作为因变量从公众对煤矿安全成果审视的视角分析事故发生量与总体安全度的关系，并提出相应的安全工作对策。结合数据包络分析的原理视煤矿的事故为获得原煤产出的特殊生产要素，构建模型来分析区域煤矿的安全度，并以河南省煤矿为例进行了分析。

本书研究的主要创新点有：

① 基于熵理论构建了煤矿安全系统的安全熵、安全负熵和安全总熵，并以这些量的变化判断煤矿安全系统所处的状态；以边际安全熵和边际安全负熵相等时的煤矿安全系统所处的状态为对其进行调控的时机。

② 分析了目前安全质量标准制定方面存在的不足，利用 IE 技术的基本理论和方法，从实用性和规范化的角度提出了煤矿安全质量标准的制定原则、程序、标准的分类和方法。

③ 构建了煤矿安全成本控制的挣得值分析方法，它定期以挣得安全成本值与预定安全成本值和实际安全成本值进行比较获得成本偏差、保障度偏差、成本绩效指标和计划绩效指标 4 个指标以对煤矿的安全成本进行过程控制。

④ 从公众认知的角度提出了煤矿的安全度可以用煤矿的负产出来反映煤矿的安全度，并在此基础上建立了煤矿安全度用煤矿安全负产出表达的模型，并对模型参数的不同取值进行了分析。然后结合模型分析了煤矿为提高安全度应该采取的相关对策，对煤矿安全的宏观管理具有十分重要的指导意义。结合数据包络分析的原理视煤矿的事故为获得原煤产出的特殊生产要素，构建模型来分析区域煤矿的安全度，并以河南省煤矿为例进行了分析。

9.2 展　　望

研究展望包括如下内容：

① 煤矿安全资源配置方面的进一步深入研究，主要是采用系统工程的理论和方法，针对重点部位的安全设施设备建立相应的数学模型进行优化分析，实现以较少的安全资源投入获得满意的安全效果的目标。

② 结合煤矿安全管理的实际，对基于挣值分析的煤矿安全成本的过程控制进一步深化研究，包括煤矿安全保障度的合理确定、安全投入及安全成本的统计方法、偏差分析及具体的对策措施等。

③ 深入研究煤矿安全精细化管理效率的测评方法、煤矿安全精细化管理效率的制约因素及煤矿安全管理精细化管理效率的过程控制。

④ 所提出的煤矿安全度与公众对事故量认知关系的模型仅仅从理论上进行了分析，而未从实际的应用角度加以验证，为此下一步的研究方向是从实践应用的角度加以研究。

参考文献

[1] Zhang Y, Shao W, Zhang M, et al. Analysis 320 coal mine accidents using structural equation modeling with unsafe conditions of the rules and regulations as exogenous variables[J]. Accident Analysis and Prevention, 2016, 92(2016):189-201.

[2] Wang L, Cheng Y, Liu H. An analysis of fatal gas accidents in Chinese coal mines[J]. Safety Science, 2014, 62:107-113.

[3] Shen L, Gao T, Cheng X. China's coal policy since 1979: a brief overview[J]. Energy Policy, 2012, 40(2012):274-281.

[4] He X, Li S. Status and future tasks of coal mining safety in China[J]. Safety Science, 2012, 50(2012): 894-898.

[5] 李新娟. 中国煤矿安全状况与经济社会发展关系的研究[J]. 安全与环境学报, 2012, 12(4):197-203.

[6] Saleh J H, Cummings A M. Safety in the mining industry and the unfinished legacy of mining accidents: safety levers and defense-in-depth for addressing mining hazards[J]. Safety Science, 2011, 49(6):764-777.

[7] Chen H, Feng Q, Zhu D, et al. Impact of rent-seeking on productivity in Chinese coal mine safety supervision:

a simulation study[J]. Energy Policy,2016, 93(2016): 315-329.

[8] Chen H, Qi H, Long R, et al. Research on 10-year tendency of China coal mine accidents and the characteristics of human factors[J]. Safety Science,2012, 50(4):745-750.

[9] 董晓波,张同建,谭章禄.我国煤矿安全生产影响因素实证研究[J].矿业安全与环保,2010, 37(5):84-85.

[10] 张艳.我国煤矿事故多发的原因及对策探讨[J].矿业安全与环保,2008, 35(12):99-101.

[11] 陈建忠.浅析地质环境对煤矿安全生产的影响及防治[J].煤炭技术,2004, 23(5):3-4.

[12] 张兴,刘洪,梁继军.浅谈地质环境对煤矿安全生产的影响[J].中小企业管理与科技,2010,19(30):217.

[13] 王云刚,王恩元,刘贞堂.安全目标管理在煤矿安全管理中的应用[J].中国矿业,2007, 16(8):32-34.

[14] 杨泉林.中美两国煤矿安全管理对比以及 对中国煤矿安全管理的启示[J].技术与创新管理,2016, 37(4):365-370.

[15] 施伟,刘建辉.煤矿安全管理分析与评价方法探讨[J].安全生产与监督,2007, 10(2):21-22.

[16] 刘铁敏,秦华礼.中国煤矿安全事故的经济学分析[J].煤矿安全,2006,37(4):70-72.

[17] 肖思文.技术装备创新煤矿安全生产的基本保障[J].中国矿业,2010, 19(4):113-116.

[18] 王金凤,刘振锋,冯立杰,等.煤矿安全投入与安全绩效

的系统动力学 [J]. 辽宁工程技术大学学报(自然科学版),2011, 30(2):182-185.

[19] 赵鹏飞,贺阿红. 煤矿安全投入结构合理性评价[J]. 煤矿安全,2016, 47(1):227-230.

[20] 韩可琦,李美羽. 我国煤矿安全投入结果合理化分析[J]. 煤炭经济研究,2009, 29(7):70-72.

[21] 邓奇根,王燕,刘明举,等. 2001～2013 年全国煤矿事故统计分析及启示[J]. 煤炭技术,2014,33(9):73-75.

[22] 牛克洪. 洞察十大风险谋划应变之策——纵论我国煤炭企业新形势下发展危机的应变方略(下篇)[J]. 煤炭经济研究,2012, 32(6):18-23.

[23] 梁利,徐瑛琦. 煤矿人才冰层的成因分析及对策研究[J]. 煤炭工程,2007,64(3):113-115.

[24] 陈新锋. 加快人才资源开发 推动企业转型发展[J]. 煤炭科技,2014, 34(4):32-34.

[25] 张鹏,张勇. 煤矿开采技术的发展难点和策略研究[J]. 能源技术与管理,2016, 41(5):178-179.

[26] 吴穹,许开立. 安全管理学[M]. 北京:煤炭工业出版社,2002.

[27] 范中志,张树武,孙义敏. 基础工业工程[M]. 北京:机械工业出版社, 2002.

[28] 马金山. 工业工程在煤矿安全管理中的适用性分析[J]. 煤炭工程,2011,68(2):126-128.

[29] Goldratt E, Cox J. The Goal[M]. Great Barrington: North River Press Inc. , 1984.

[30] 戚晓曜. 基于约束理论的管理方法及其应用[J]. 工业工

程,2005,8(1):19-23.

[31] 白思俊.现代项目管理(中)[M].北京:机械工业出版社,2002.

[32] 张景林,蔡天富.对安全系统运行机制的探讨——安全系统本征与结构[J].中国安全科学学报,2006,16(5):16-21.

[33] 蔡天富,张景林.对安全系统运行机制的探讨——安全度与安全熵[J].中国安全科学学报,2006,16(3):4-7.

[34] 马金山.基于熵理论的煤矿安全系统演化机理分析[J].科技管理研究,2011,31(15):208-211.

[35] 徐君.基于熵理论的资源型城市转型与产业演替机理研究[D].成都:西南交通大学,2007.

[36] 卜昌森,程卫民,周刚,等.人—机—环境系统工程安全分析与评价研究[J].工业安全与环保,2009,35(2):44-46.

[37] 李兴华,李明通,蔡依超.煤矿安全精细化管理模式推进研究[A]//中国机械工程学会第十次工业工程年会,天津:2007,560-563.

[38] 宋俊超.对煤矿安全质量标准化建设的思考[J].市场论坛,2007,35(2):75-76.

[39] 宋录生.煤炭企业信息化精细管理模式探析[J].煤炭经济研究,2007,28(6):52-54.

[40] 郭佳,杨洋.基于远程监测模式的煤矿安全生产预警系统研究[J].中国煤炭,2007,33(9):69-71.

[41] 齐二石,霍艳芳.现代工业工程与企业管理创新[J].航空制造技术,2003,46(3):40-43.

[42] 荆全忠，杨鉴淞，邢鹏. 工业工程(IE)在构建本质安全矿井中的应用[J]. 煤矿安全，2008，38(2)：102-105.

[43] 涂兴子. 煤矿质量标准化的新发展[J]. 中国煤炭，2008，34(01)：24-25.

[44] 周维，叶义成，周德红. 煤炭企业安全成本与安全投资比例优化研究[J]. 工业安全与环保，2007，33(9)：61-64.

[45] 余丽恒. 煤炭企业信息化面临的问题和发展重点[J]. 河北煤炭，2009，32(2)：39-40.

[46] 李建武. 用工业工程思想发现、解决和预防问题[J]. 工业工程与管理，2007，12(3)：119-122.

[47] 罗云. 企业安全文化建设——实操创新优化[M]. 北京：煤炭工业出版社，2007.

[48] 李爽，宋学锋. 煤矿企业本质安全文化：内涵·目标·内容·模式[J]. 中国矿业，2007，16(9)：33-35.

[49] 李爽，曹庆仁. 煤矿企业安全文化影响因素的实证研究[J]. 中国安全科学学报，2009，19(11)：37-45.

[50] 马金山. 煤矿企业安全文化建设方法探析[J]. 技术与创新管理，2012，28(1)：41-44.

[51] 方国平. 煤炭企业文化与创新党的建设[M]. 郑州：河南人民出版社，2008.

[52] 傅贵，李志伟，扈天保，等. 改善企业安全文化技术手段的应用研究[J]. 中国安全生产科学技术，2009，19(2)：121-124.

[53] 马文章，傅惠敏. 煤矿安全文化评价研究综述[J]. 中国煤炭，2009，35(10)：109-113.

[54] 董晓波，张同建，谭章禄. 一种新型煤矿安全文化的构建

[J]. 中国矿业,2010, 19(4):39-43.

[55] 董晓波,张同建,谭章禄. 煤矿企业互惠性安全文化解析[J]. 煤矿安全,2010,41(4):148-150.

[56] 王润平,李江. 如何理解煤矿安全质量标准化[J]. 煤矿安全,2005, 36(3):49-51.

[57] 刘婷婷. 我国煤炭生产安全事故致因研究[D]. 北京:北京工业大学, 2009.

[58] 童磊. 煤矿安全投入的动力分析与效率评价[M]. 北京:煤炭工业出版社, 2008.

[59] 韩中,陈富民,高建民,等. 复杂流程系统安全的资源配置与优化[J]. 计算机集成制造系统,2009, 15(9):1758-1764.

[60] 马金山. 基于挣值法的煤矿安全成本控制研究[J]. 煤炭经济研究,2010,30(8):89-91.

[61] 罗新星,苗维华. 挣值法的理论基础和实践应用[J]. 中南大学学报(社会科学版),2003(03):369-372.

[62] Kim B, Reinschmidt K F. Probabilistic forecasting of project duration using kalman filter and the earned value method[J]. Journal of Construction Engineering and Management-asce,2010, 136(8):834-843.

[63] Kim Y, Ballard G. Management Thinking in the earned value method system and the last planner system[J]. Journal of Management in Enineering,2010, 26(4):223-228.

[64] Luis Ponz-Tienda J, Pellicer E, Yepes V. Complete fuzzy scheduling and fuzzy earned value management

in construction projects[J]. Journal of Zhejiang University-science a,2012, 13(1):56-68.

[65] 梁美健,李冬梅. 试论煤矿安全成本的界定与组成[J]. 中国煤炭,2006, 32(6):64-66.

[66] 梁美健,韩存,杨光. 煤矿安全成本与安全保障度研究[J]. 煤炭学报,2007, 32(6):668-672.

[67] 付现伟. 矿井人—机—环境系统安全评价[D]. 阜新:辽宁工程技术大学, 2007.

[68] 景国勋,孔留安. 煤矿运输事故人—机—环境致因与控制[M]. 北京:煤炭工业出版社,1999.

[69] 赵万芹. 人—机—环境关系的试验研究[D]. 西安:长安大学, 2008.

[70] 景国勋. 井下运输人—机—环境系统安全性分析[M]. 北京:煤炭工业出版社, 1999.

[71] 赵朝义. 人—机—环境系统的本质安全化研究——矿井本质型安全系统的构建[D]. 上海:同济大学, 2002.

[72] 穆丹丹. 煤矿本质安全综合评价指标体系研究与应用[D]. 西安:西安科技大学, 2009.

[73] 李国才. 东曲矿矿井通风指标模糊综合评价系统[D]. 太原:太原理工大学, 2004.

[74] 刘黎. 榆林地区本质安全型煤矿评价指标体系的建立与实践[D]. 西安:西安科技大学, 2009.

[75] 成连华. 基于生产过程的矿井安全评价及其提升系统中的应用研究[D]. 西安:西安科技大学, 2004.

[76] 叶显峰. 矿井通风系统安全评价研究与应用[D]. 西安:西安科技大学, 2009.

[77] 王勇胜，梁昌勇，姜利赢. 约束理论与关键链研究评述[J]. 项目管理技术，2010，8(3)：17-22.

[78] 王军强，陈剑，王烁，等. 作业车间区间型多属性瓶颈识别方法[J]. 计算机集成制造系统，2013，19(2)：429-437.

[79] 王军强，康永，陈剑，等. 作业车间瓶颈簇识别方法[J]. 计算机集成制造系统，2013，19(3)：540-551.

[80] 王军强，孙树栋，于晓义，等. 约束理论的产品组合优化新型运作逻辑研究[J]. 计算机集成制造系统，2007，13(5)：931-939.

[81] 曹振新，张士杰. 基于约束理论的制造单元瓶颈分析及对策[J]. 机械设计与制造，2004(04)：109-111.

[82] 王军强，孙树栋，王东成，等. 基于约束理论的制造单元管理与控制研究[J]. 计算机集成制造系统，2006，12(7)：1108-1116.

[83] 牛克洪. 煤炭企业精细化管理[M]. 北京：煤炭工业出版社，2008.

[84] 黄盛仁，罗云. 煤矿安全增值效益及其对经济增长贡献率的研究[J]. 中国矿业，2001，10(3)：24-27.

[85] 陈全君，何学秋. 系统的安全发展规律与安全投入决策研究[M]. 徐州：中国矿业大学出版社，2006.

[86] 刘伟，王丹. 安全经济学[M]. 徐州：中国矿业大学出版社，2008.

[87] 罗云，等. 安全经济学[M]. 北京：化学工业出版社，2004.

[88] Hermand D, Karsenty S, Py Y, et al. Risk target: an

interactive context factor in risk perception[J]. Risk Analysis,2003, 23(4):821-828.

[89] Johnson B B. Varying risk comparison elements: Effects on public reactions[J]. Risk Analysis,2004, 24(1):103-114.

[90] Xie X F, Wang M, Xu L C. What risks are Chinese people concerned about? [J]. Risk Analysis,2003, 23(4):685-695.

[91] Basha S A, Maiti J. Relationships of demographic factors, job risk perception and work injury in a steel plant in India [J]. Safety Science, 2013, 51(1): 374-381.

[92] Maiti J, Bhattacherjee A. Evaluation of risk of occupational injuries among underground coal mine workers through multinomial logit analysis[J]. Journal of Safety Research,1999, 30(2):93-101.

[93] Mearns K, Flin R. Risk perception and attitudes to safety by personnel in the offshore oil and gas industry: a review [J]. Journal of Loss Prevention in the Process Industries,1995, 8(5):299-305.

[94] 刘金平. 理解·沟通·控制公众的风险认知[M]. 北京:科学出版社, 2011.

[95] Cheng W. Determination of index for assessment of mine safety degree[J]. Meitan Xuebao/Journal of China Coal Society,1997, 22(3):276-279.

[96] 姚有利,秦跃平,于海春. 煤矿安全状况随社会经济发展

演化规律研究[J]. 中国安全科学学报,2009,19(7):52-57.

[97] 姚庆国,张学睦. 论安全与事故的经济实质[J]. 山东社会科学,2009,23(1):111-113.

[98] 梁美健,吴慧香. 煤矿安全投资效率评价的DEA模型及其应用[J]. 中国安全科学学报,2012,22(3):16-23.

[99] Tong L, Ding R. Efficiency assessment of coal mine safety input by data envelopment analysis[J]. Journal of China University of Mining and Technology,2008,18(1):88-92.

[100] 田涛,秦跃平. 中国煤炭企业安全效率及其影响因素分析[J]. 中国安全科学学报,2012,22(7):128-134.

[101] 杨广俊,王立杰. 现阶段煤炭企业集团公司安全效率的DEA分析[J]. 中国矿业,2007,16(12):23-25.

[102] 程晓娟. 我国煤炭企业安全效率的DEA分析[J]. 矿业工程研究,2010,31(2):73-76.

[103] 戚安邦,尤荻. 基于DEA理论的煤矿企业安全管理能力评价模型与方法[J]. 煤矿安全,2012,43(2):181-184.

[104] 汪涛. 中国25个产煤省份煤矿安全事故管理绩效分析——基于DEA模型的评价[J]. 理论月刊,2010,32(10):164-166.

[105] A C, W C W, E R. Measuring the efficiency of decision making units [J]. European Journal of Operational Research,1978, 2(6):429-444.

[106] Banker R C A, W C W. Some models for estimating

technical and scale inefficiencies in data envelopment analysis [J]. Management Science, 1984, 9 (30): 1078-1092.

[107] 魏权龄.数据包络分析[M].北京:科学出版社，2004.

后　　记

后　记

本书为河南省煤矿安全生产科技发展计划项目(H09－50)、河南省教育厅自然科学研究计划项目(2011B620001)以及河南理工大学青年基金(Q2010－32)等研究成果的总结。项目研究的主要成果陆续发表在《煤炭经济研究》《技术与创新管理》《武汉理工大学学报(信息与管理工程版)》《煤炭工程》《科技管理研究》以及《工业安全与环保》等期刊上,感谢这些期刊对本书研究成果的认可。

在课题的研究过程中,河南理工大学的宋红娜、中国铝业股份有限公司的刘波以及河南神火集团有限公司的伍庆风分别参与了相应的工作。其中宋红娜参与了煤矿安全生产"人—机—环境"协调性分析方面的研究;刘波参与了基于特殊生产要素视角的区域煤矿安全度方面的研究;伍庆风在资料的收集等方面提供了无私的帮助。全书由河南理工大学的马金山进行总体的策划负责并具体完成,宋红娜、刘波等参与了部分内容的研究工作。

此外,本书参考引用了国内外学者的大量文献资料,在此一并向这些作者们表示感谢!

著　者

2017 年 3 月